電気電子工学シリーズ 11

[編集] 岡田龍雄　都甲潔　二宮保　宮尾正信

制御工学

川邊武俊

金井喜美雄 [著]

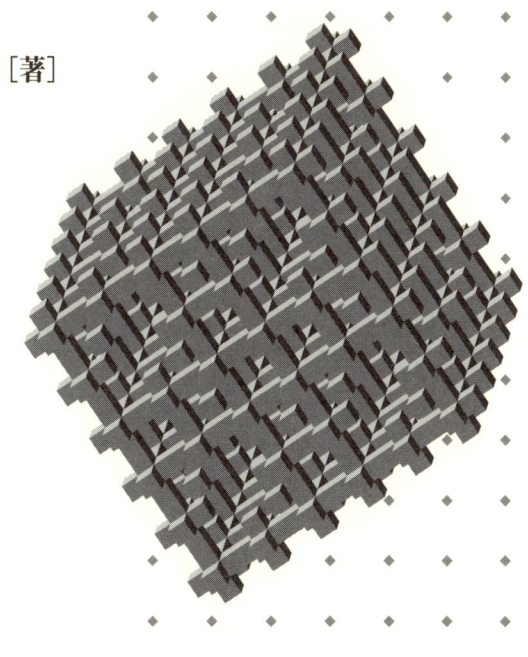

朝倉書店

〈電気電子工学シリーズ〉
シリーズ編集委員

岡田龍雄	九州大学大学院システム情報科学研究院・教授
都甲　潔	九州大学大学院システム情報科学研究院・教授
二宮　保	九州大学名誉教授
宮尾正信	九州大学大学院システム情報科学研究院・教授

執　筆　者

川邊武俊	九州大学大学院システム情報科学研究院・教授
金井喜美雄	防衛大学校名誉教授

まえがき

　本書は，古典的制御と呼ばれ，制御工学の中でも特に基本的で，実システムに広く適用されている制御系設計手法を取り上げ，典型的なアプローチやその背景を説明する目的で執筆されている．

　筆者が思うに制御工学の基本的なことは，おそらく一般に思われているほど難解ではない．それは，人が無意識のうちに常識的に行っていることではないかと考える．人がある"ものごと"を成そうとする情況を考えよう．成そうとするからには，意識するしないは別として，必ず何らかの目的や目標を持っている．人は目標に向かって，行動する．行動の結果が目標に届いていないと感じれば，さらに積極的に強く行動する．逆に，やり過ぎてしまったと感じれば，今までの行動を弱くしたり，差し控えたり，あるいは逆の行動をして以前の行動の結果を打ち消そうとする．これは，コップに入れた水をこぼさずに運ぶこと，対人関係を良好に保とうとすること，会社や国家など組織をスムースに運営することなど，様々な場面で見られることであり，規模や重要度に関わらず，人が成す一つの共通した行動様式であろう．この行動様式は効果的であり，非常に優れている．優れているので，工学的に応用したいとの思いが生じる．これが，フィードバック制御の原点ではないかと想像する．メカトロニクスがこの優れた行動様式を実行できるように，一般化し，矛盾なく体系化し，客観的に表現しようとするのが制御工学であると考えてみてはいかがであろうか．

　ではなぜ，人が普通に行っていることが難解になってしまうのであろうか．おそらく，初めての人は説明に使われる数学手法に幻惑されるのであろう．数学による説明が難しいのではなく，何が説明されようとしているのかを適切に理解できないことが原因ではなかろうか．制御工学の理解に苦しんだときには，例えば倒立振子の運動や綱渡りなど，自分で直観的に理解できている現象に置き換えて考えてみてはいかがであろうか．直観や常識から得られたフィードバック制御手法が，抽象化され，数学的に表現され，一般化されているのである．抽象性をいったん払いのけ，具体的に現象を想像することが，結果的に数学的な理解を助け，制御工学の理解を助けることもおおいにあり得ると考えられる．

とはいえ，類書と同様に，本書でも説明には複素関数論などが多用されている．複素関数論を使えば説明が非常に明瞭になり，誤解の余地が減り，応用が容易になるからである．ただし本書では，読者の幻惑を回避する試みとして，制御工学に必要な数学的な説明は，可能な限り最終章 (第 11 章) に集中するように構成した．場合によっては，最終章を切り離し，別の冊子体として参照しながら他の章を読み進めるとよいかもしれない．

執筆にあたり次に意識したのは，MATLAB など制御系設計ソフトウェアの驚異的な発達である．高次の方程式の解を数値的に求めることや，複素数を図示することは極めて容易となった．微分方程式もブロック線図用のプログラミングで容易に数値解が求まる．この恩恵をこうむって，筆者 (川邊) は企業のエンジニアとして過ごした 20 余年の間，ラウス–フルヴィツの安定判別法を用いることも，折れ線近似のボーデ線図を描くことも皆無であった．一方で，微分方程式とブロック図，伝達関数の三者の関連や，線形システムの性質など，数値演算の弱点に惑わされないための知識，さらに原理，原則に関する知識の重要性が増したと考え，本書ではこれらの項目を容易に理解できるようにした．

本書で扱う線形時不変システムは最も扱いやすいシステムであり，取り上げた制御系設計法は最もよく整備されているものである．しかるに，エンジニアが現場で対峙する実システムは，より新しく，複雑で，扱いにくい課題を含んでいる．しかし，陽の下に新しいものはないともいう．問題解決の糸口は先人が残した古典制御理論の中に見出せるかもしれない．非線形システムなど問題が複雑化していても，解決法の本質的な部分は共通であることがしばしば見られるからである．

本書が，新しい問題に挑戦するエンジニアに役立てば本望である．

末筆になるが，本書の執筆にあたり貴重な助言をたまわった九州大学大学院村田純一教授に謝意を表したい．

   2012 年 2 月

著 者 記 す

目　　次

1. システムの制御 1
   1.1 制御システム 1
   1.2 自動制御 3
   1.3 制御と数学 7

2. いろいろなシステム 8
   2.1 システム 8
   2.2 システムの分類 9
      2.2.1 因果的なシステム 9
      2.2.2 時不変システム 10
      2.2.3 線形システム 10
      2.2.4 動的システム 11
      2.2.5 動的な線形時不変システム 12

3. 線形時不変システムと線形常微分方程式 13
   3.1 線形常微分方程式によるシステムの表現 13
      3.1.1 RCフィルタ回路 13
      3.1.2 共振回路 14
      3.1.3 ばね・ダンパ・台車システム 15
      3.1.4 1次遅れ系・2次振動系 16
      3.1.5 むだ時間要素 17
   3.2 一般的な線形時不変システム 18
      3.2.1 むだ時間要素を含まない線形時不変システム 18
      3.2.2 入力端や出力端にむだ時間要素を持つ線形時不変システム 19
   演習問題 20

4. 線形時不変システムと伝達関数 ... 21
4.1 伝達関数 ... 21
4.2 伝達関数の極と零点 ... 24
4.2.1 伝達関数の極 ... 24
4.2.2 伝達関数の零点 ... 25
4.2.3 極零相殺 ... 26
4.2.4 伝達関数の次数と相対次数 ... 27
4.2.5 むだ時間要素と伝達関数 ... 27
4.3 伝達関数とインパルス応答 ... 28
4.3.1 インパルス応答 ... 28
4.3.2 1次遅れ系のインパルス応答 ... 29
4.3.3 2次振動系のインパルス応答 ... 29
4.3.4 インパルス応答とシステムの応答 ... 31
4.4 伝達関数とシステムの結合 ... 32
4.4.1 直列結合 ... 32
4.4.2 並列結合 ... 33
4.4.3 フィードバック結合 ... 33
演習問題 ... 35

5. システムの結合とブロック図 ... 36
5.1 ブロック図によるシステムの表現 ... 36
5.1.1 基本的なブロック図 ... 36
5.1.2 ブロック図を構成する最小の要素 ... 38
5.2 ブロック図の等価変換 ... 39
5.3 物理的なシステム構造の表現 ... 41
演習問題 ... 43

6. 線形時不変システムの安定性 ... 44
6.1 BIBO 安定性 ... 44
6.2 インパルス応答と BIBO 安定性 ... 45

 6.3 伝達関数と BIBO 安定性 ………………………………… 46
 6.4 ステップ応答と BIBO 安定性 ……………………………… 47
 演 習 問 題 …………………………………………………………… 48

7. 線形時不変システムの周波数応答 … 49
 7.1 周波数応答 …………………………………………………… 49
 7.2 ボーデ線図 …………………………………………………… 53
 7.3 ベクトル軌跡 ………………………………………………… 54
 演 習 問 題 …………………………………………………………… 55

8. 代表的なシステムの応答特性 … 56
 8.1 1 次遅れ系 (1 次遅れ要素) ………………………………… 56
  8.1.1 ステップ応答 ……………………………………… 56
  8.1.2 周波数応答 ………………………………………… 57
 8.2 2 次振動系 …………………………………………………… 58
  8.2.1 ステップ応答 ……………………………………… 59
  8.2.2 周波数応答 ………………………………………… 60
  8.2.3 極 と 応 答 ………………………………………… 61
 8.3 むだ時間要素 ………………………………………………… 62
 8.4 定常特性と過渡特性 ………………………………………… 64
 演 習 問 題 …………………………………………………………… 64

9. フィードバック系と安定性 … 65
 9.1 フィードバックの効果 ……………………………………… 65
 9.2 フィードバック系の安定性 ………………………………… 69
  9.2.1 ナイキストの安定判別 …………………………… 70
  9.2.2 安 定 余 裕 ………………………………………… 76
  9.2.3 内部安定性 ………………………………………… 78
 演 習 問 題 …………………………………………………………… 81

10. フィードバック制御系の設計技術 ……………………………… 82
- 10.1 動的コントローラの導入 ……………………………… 82
- 10.2 制御系の性能指標 ………………………………………… 82
- 10.3 周波数整形にもとづく制御系設計 …………………… 85
- 10.4 代表的な補償要素 ………………………………………… 89
  - 10.4.1 比例要素 ……………………………………………… 89
  - 10.4.2 位相進み要素 ………………………………………… 89
  - 10.4.3 位相遅れ要素 ………………………………………… 91
  - 10.4.4 位相進み遅れ要素 …………………………………… 92
  - 10.4.5 積分要素と内部モデル原理 ……………………… 92
- 10.5 PID 制 御 ……………………………………………………… 94
  - 10.5.1 P 制 御 ………………………………………………… 95
  - 10.5.2 PI 制御と積分要素 …………………………………… 95
  - 10.5.3 位相進み要素と PID 制御 ………………………… 99
- 10.6 根 軌 跡 法 …………………………………………………… 102
- 10.7 拡大系とモデルマッチング制御 ……………………… 105
  - 10.7.1 2 自由度制御系 ……………………………………… 106
  - 10.7.2 モデルマッチング制御 …………………………… 107
  - 10.7.3 拡大系と制御系設計 ……………………………… 110
  - 10.7.4 拡大系を用いたモデルマッチング制御系の設計例 ……… 111
- 演 習 問 題 …………………………………………………………… 115

11. 数学的な事項 ……………………………………………………… 116
- 11.1 複 素 数 ……………………………………………………… 116
  - 11.1.1 複素数の定義 ………………………………………… 116
  - 11.1.2 複素平面と極座標表示 …………………………… 116
  - 11.1.3 オイラーの公式 ……………………………………… 117
  - 11.1.4 偏角の原理 …………………………………………… 118
- 11.2 三角不等式 …………………………………………………… 118
- 11.3 線 形 関 数 …………………………………………………… 119

11.4	部分積分の公式	119
11.5	一次独立な関数	119
11.6	定係数線形常微分方程式の解法	120
11.6.1	解法	121
11.7	$t^n e^{-at}$ の絶対可積分性	125
11.8	ディラックのデルタ関数	127
11.8.1	定義と性質	127
11.8.2	直観的な説明	127
11.8.3	テイラー展開を用いた説明	128
11.9	畳込み積分 (コンボリューション)	129
11.10	フーリエ変換とラプラス変換	130
11.10.1	フーリエ変換	130
11.10.2	フーリエ変換と畳込み積分	131
11.10.3	ラプラス変換	132
11.11	ラプラス変換の諸性質	133
11.11.1	ラプラス変換の線形性	133
11.11.2	畳込み積分とラプラス変換	133
11.11.3	関数のラプラス変換	134
11.11.4	関数の微分・積分とラプラス変換	135
11.11.5	時間推移とラプラス変換	137
11.11.6	極限とラプラス変換	137
11.12	有理関数の展開	138
11.12.1	有理関数	138
11.12.2	有理関数の部分分数展開	139
11.13	ラプラス変換による定係数線形常微分方程式の解法	141
11.13.1	ラプラス変換を介した定係数線形常微分方程式の解法	141
11.13.2	右辺に微分項が存在する場合	144

索　引 …… 147

1. システムの制御

1.1 制御システム

"制御"は古くは史記に用例がある,広い意味を持つ言葉である[*1)]．一般には,事物にはたらきかけ,思いのままの状態にすることを,"制御する"というであろう．制御工学でいう制御は,やや狭い意味で用いられる．一例を挙げて説明しよう．図 1.1 は,人間自動車系と呼ばれ,人間が自動車を運転する様子を表現している．この図では,人間が自動車を制御していると考えている．停止状態から発進する,ある速度まで加速する,目標とする速度を保つ,道路から逸脱しないように直進したりカーブを曲がる,衝突を避けるなど,人間自動車系には様々な運動目標が課せられる．自動車の運動が,これら運動目標に沿うように,人間は自動車を操作する．具体的には,状況に応じて,アクセル,ブレーキ,ハンドルを操作する．この図では,自動車の運動と運動目標とを人間が比較し,その違い,すなわち誤差に応じて自動車を操作すると考えている．目標とする速度より車速が低ければアクセルを踏み,逆であればブレーキをかける．横から吹いてくる風の力で自動車が進路を乱されたことに気付いたとき,人間はあて舵に相当するハンドル操作で,自動車の進路を修正する．風の力は,

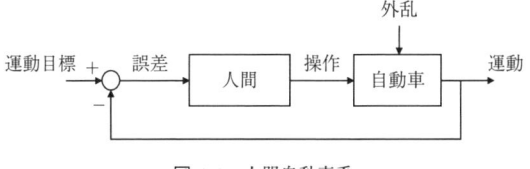

図 1.1 人間自動車系

[*1)] 新村 出 編：広辞苑 (第四版),岩波書店 (1991)

運動が運動目標に沿うことを妨害する外乱であると考えている．制御工学的に一般的な言い方をすると，人間自動車系において，人間は自動車を制御する**コントローラ**であり，自動車は制御を受ける**制御対象**である．コントローラと制御対象とから成るシステムを**制御システム**といい，人間自動車系も一つの制御システムであると考えられる．

人間自動車系が意図して表現しようとすることの一つに，人間は自動車の運動を観察しながら，アクセル，ブレーキ，ハンドルの操作を常に修正していることがある．この修正動作は，自動車の運動が，図中で人間の左側まで**帰還**(**フィードバック**)され，誤差を生成していることで表されている．このように，フィードバックが重要な役割を果たす制御を**フィードバック制御**という．制御工学は，フィードバック制御系の解析手法や設計手法を扱っている．人間自動車系をフィードバック制御系として捉えると，制御工学から得られた知見を用いて人間自動車系を解析し，人間にとって運転しやすい自動車はどのような特性であるべきかなどを考察することができる．

人間自動車系は，人間が制御する手動制御系である．自動車の運転以外にも，人間がコントローラの役割を果たしていると考えられる事例は，日常生活の中に多数見ることができよう．料理で火加減を調整するときも，手に持ったコップの水をこぼさないように歩くときも，人間は制御を実行しているとみなせる．人間が果たしていたコントローラの役割は，ときに機械が代行する．機械が実行する制御を**自動制御**という．現代では，ほとんどの場合において，この機械の部分はデジタルコンピュータを中核とした機器で構成されている．デジタルコンピュータが主役である制御は**電子制御**と呼ばれる．

航空機や自動車の操縦は，すでに部分的に自動化されており，特に航空機では，自動制御系がその運航に重要な役割を果たしている．操縦の自動化は，自動制御のごく一例にすぎない．制御を自動化することにより，手動の制御では到達できない高性能の制御系が構成できた事例は，工学が扱う広い分野で，枚挙に暇がない．

1.2 自動制御

　自動制御，特にフィードバック制御は，工場での生産，建設現場，電力の供給，高層ビルの振動抑制，空調，ハードディスクなどの情報機器など，自動車や航空機以外にも様々なところで重要な役割を果たしている．フィードバックは，工学における基礎的な手法であり，電子回路の設計法 (回路理論) とも深い関連を持っている．制御する対象や現象は様々であるが，それらを抽象化することで，共通に有益な制御系の設計法を具体化することができる．

　図 1.2 は，フィードバック制御系を抽象的に，かつある程度の一般性を持たせた形で表している．コントローラは制御対象をフィードバック制御している．ここで，目標値，制御誤差，操作量，入力外乱，出力外乱，制御量 (出力)，観測雑音 (ノイズ) はすべて信号であると考える．信号は，数学的に表すなら時間の関数である．制御の目的は，制御系の外で発生される目標値に，制御量をなるべく沿わせたり，できるなら一致させたりすることである．

　この目的を達成する手段は，この図ではフィードバックである．目標値と制御量との時事刻々の値の差である制御誤差に応じて，コントローラは常に操作量を更新する．目標値から制御量を差し引いて制御誤差を発生するので，このフィードバックは特にネガティブフィードバック (負帰還) という．ネガティブフィードバックは，目標値に対して制御量が不足していれば制御量が増加するように操作量を修正し，制御量が過剰であるときは制御量が減少するように制御量を修正するという，ごく自然な行為を工学的に一般化したものと考えることができる．本書では，特に断らない限り，フィードバックはネガティブフィードバックを指す．フィードバックを用いると，図 1.2 に示すように制御対象か

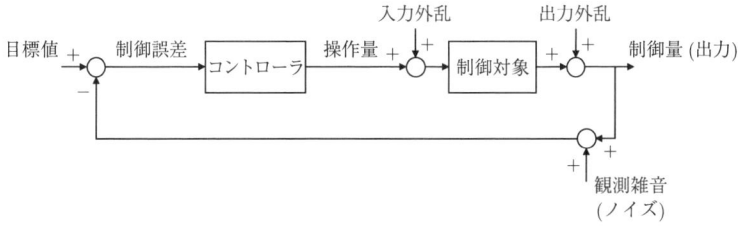

図 1.2　フィードバック制御系

らコントローラへの信号の経路がループ状となる．この経路をフィードバックループ，あるいは閉ループと呼ぶ．

目標値と制御量の一致を困難にする要因として，制御系の外から侵入する外乱がある．外乱の進入経路は実際の制御系では様々であるが，ここでは入力外乱と出力外乱とを典型的な外乱として示している．入力外乱は操作量と足し合わされる形で，出力外乱は制御対象の出力側に足し合わされる形で，閉ループに侵入する．外乱は直接計測したり予測したりすることができないと考える．例えば，先の自動車の運転の例では，風の影響を外乱と考えた．

制御量を目標値と比較するには，多くの場合，制御量を観測する計器 (センサ) が必要であり，観測値は必ず誤差や雑音を含んでいる．この誤差や雑音は制御量に加算されると考え，図中の観測雑音 (ノイズ) として示している．観測雑音もまた，制御系の性能を劣化させる一因となる．もちろん，観測雑音の少ないセンサを用いることが望ましい．

さて，フィードバックの効用を考察してみよう．フィードバックを用いない制御として，図 1.3 に示すフィードフォワード制御系を考察する．フィードフォワード制御の特徴は制御量からのフィードバックがなく，操作量が目標値に応じて生成されることである．外乱がなく，しかも制御対象の特性が正確に把握されており，操作量に対して制御量がどのように発生するか予測できると仮定しよう．その場合，制御対象の特性に応じて操作量をあらかじめ調整しておけば，制御量は目標値に一致してゆくかもしれない．しかし，もし何らかの外乱が発生すれば，外乱の"強さ"に応じて，制御量は目標値から逸脱してしまうことは自明である．また，もし制御対象の特性がコントローラを設計した時点から変化していれば，やはり制御量は目標値から逸脱する．フィードバック制御であれば制御量を常に観測し操作量を更新するので，外乱や制御対象の特性変動にも対処することが可能となる．外乱や観測雑音，制御対象の特性変動が存

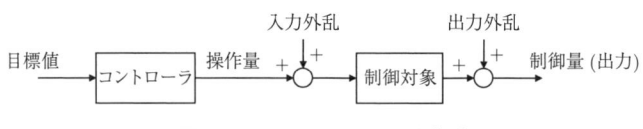

図 **1.3** フィードフォワード制御系

在しても，制御目標が達成される性質のことを**ロバスト性**という．うまく設計されたフィードバック制御系は，必ずある程度のロバスト性を有している．

フィードバックによりロバスト性を達成した制御系に対しては，フィードフォワード制御の追加が有効となる．フィードバック制御とフィードフォワード制御とを組み合わせた制御系を **2 自由度制御系**という．10.7 節に 2 自由度制御系の一例を紹介する．

ネガティブフィードバックの原則に従えば必ずしも制御が成功するとは限らない．初めて自動車を運転するとき，人間は無意識にネガティブフィードバックを実行するであろうが，上達するには練習を必要とする．すなわち，練習により自動車のコントローラとして適切な特性を身につけていると考えられる．フィードバック制御を成功させるには，制御対象や外乱，観測雑音などの特性を把握し，それらの特徴に応じた特性を有するコントローラを設計することが必要である．本書では，制御対象もコントローラも，数学的に最も扱いやすい線形時不変系であると仮定し，フィードバックコントローラ設計の基礎的事項を解説する．

自動制御をどのように実用するかを述べておこう．図 1.4 は，実際の自動制御システムの典型例を示している．図中に点線で囲った部分が制御を実行する機器，すなわち制御装置である．デジタル計算機を中心に制御系を構成する場合，信号処理を担当するデジタル計算機と制御対象の間には，アクチュエータとセンサとが介在する．制御対象が自動車や電動機，工場の生産装置など物理的なシステムであれば，制御対象に与える操作量は力や電圧，電流，熱量などの

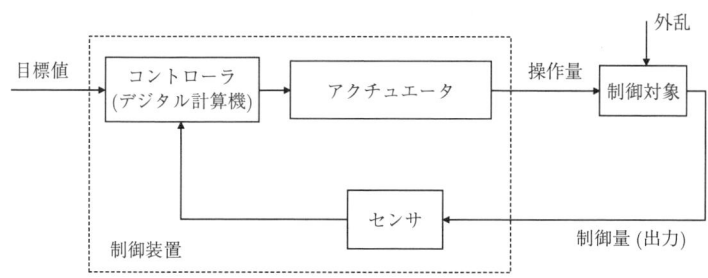

図 1.4　フィードバック制御系の実装

物理量でなければならない．また，制御量も，速度や位置，温度など，物理量である．デジタル計算機で扱えるのは信号であるから，信号を物理量 (操作量) に変換するアクチュエータと，物理量 (制御量) を信号に変換するセンサとが必要となる．図 1.4 と図 1.2 と比較すると，図 1.4 にはセンサ，アクチュエータが付け加わっている．もしアクチュエータやセンサの性能が理想的であり，コントローラが指示したとおりに操作量が発生され，制御量が正確に観測されると仮定できる場合には，アクチュエータとセンサの存在は無視してコントローラを設計することができる．現実には，アクチュエータがコントローラの指示を受け，操作量を発生するまでの "遅れ" を無視できないことがある．同様に，センサにも物理量を信号に変換するまでに遅れがある．遅れは一般に，制御系の性能を劣化させることが多い．遅れが制御系の中に存在するなら，遅れを考慮して制御系を設計すべきである．アクチュエータやセンサの遅れが無視できない場合，アクチュエータ，制御対象，センサをあらためて一つの制御対象とみなせば，制御系を図 1.2 のようにみなすことができる．

　制御系の構成は，操作量と制御量をどのような物理量とするか，検討するところから始まる．コントローラの設計は，目標値と制御量に応じて，どの程度の操作量を与えるかの規則を定義することであるともいえる．この規則のことを**制御則**と呼ぶ．制御アルゴリズムとは，決められた制御則に従って操作量を計算する手順であると理解することができる．制御アルゴリズムをデジタル計算機のプログラムに書き，実行可能とすることを**実装**するという．実装も，制御を実用するうえでは重要な技術であるが，本書の範囲外とする．特に実装を念頭に置いた制御はデジタル制御あるいはコンピュータ制御と呼ばれ，それに関する多くの教科書や専門書が刊行されている．

　本書では，制御対象の特性は既知であるとの仮定に基づき，コントローラの設計法を述べる．しかし現実には，制御対象がどのような特性を有し，その特性をどのように表現するかが，コントローラの設計以前の重要な課題である．制御対象の特性を，例えば微分方程式で表現することを**モデリング**あるいは**システム同定**という．モデリングやシステム同定については優れた書籍が多数刊行されているので，本書では割愛する．

1.3 制御と数学

　前節で述べたように本書では，制御対象もコントローラも，線形常微分方程式で特性を記述できるシステムに限定し，いわゆる**古典制御理論**の基礎的な部分を扱う．古典制御理論は，複素関数論をはじめとする数学によって理論づけされている．本書での古典制御理論と数学の関係を整理しておこう．

　まず，本書で扱うシステムは1入力1出力の線形システムと分類される．このようなシステムの特性は，線形常微分方程式で記述することができる．しかし，線形常微分方程式は，古典制御理論の論理展開に必ずしも便利ではないところがある．そこで，線形常微分方程式をラプラス変換し，線形常微分方程式と等価な意味合いを持つ**伝達関数**を導く．すなわち，制御対象やコントローラなどシステムの特性は伝達関数を用いて記述する．伝達関数は，多項式を分母，分子とする有理関数の形をしており，システムの結合は伝達関数の加算や乗算の形に表すことができる．また，伝達関数は最も単純な複素関数の一種でもあるため，複素関数論を応用して，システムの特性を論じることができる．さらには，伝達関数からシステムの周波数特性を導くことは容易であり，周波数領域で制御系を設計解析することができる[*2]．

[*2] 古典制御理論で得られた結果を厳密に証明するためには，以上に述べた数学的な事項の理解が必要である．一方，制御の実務にあたる場合には，証明された結果を率直に受け入れ，制御系の設計を進めることも多々あろう．そこで本書では，必要と思われる数学的な事項は極力，第11章にまとめる．

2. いろいろなシステム

2.1 システム

"システム"は一般的に使われる言葉であり，様々な意味に使われる．制御工学では特定の意味を持つ述語として用いられる．様々なシステムのうちで，制御工学でいうシステムは

> ある信号を入力すると，なんらかの信号を出力する"ものごと"

であると考えられよう．ここで言う信号はほとんどの場合，時間の関数として表される．"ものごと"の実体は例えば自動車や航空機，機械，電気回路，自然物，社会現象などである．

制御工学で言うシステムは"系"と訳す．例えば，自動車や航空機の操舵系，何かを測定するときの測定系，環境問題を考えるときの生態系などと使われる系である．

- 自動車のハンドルを切ると，自動車は回転運動を始める．このときのハンドルの角度を入力，自動車の角速度を出力と考えることができる．考えているシステムは自動車であるが，特に自動車のハンドルに対する応答を考えていることになる．ハンドルの角度と自動車自体の角速度を信号としてとらえるのであるが，この両者は物理量でもある．
- 抵抗体は最も簡単な電気回路と考えることができる．抵抗体の両端に電圧をかけると，電流が発生し，抵抗体の温度が上昇する．抵抗体をシステム，電圧値を入力，電流値あるいは温度の値を出力と考えることができる．
- 上記の2例は入出力が物理量であるが，システムの入出力は必ずしも物理

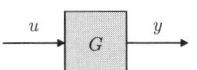

図 2.1 ブロック図
ここで，入力は u，出力は y，システムは G．

量でなくともよい．入出力を金 (マネー) とし，経済的な現象をシステムとして考えることもできる．

入力に対しシステムが出力を発生することをシステムが応答するという．あるいは，入力に対するシステムの出力を単に応答という．

システムとその入出力を図 2.1 に示すブロック図で表す．信号は矢印，システムの特性をブロック (箱) で表す．信号を表す矢印は信号が伝わる向きを表す．信号がどのようなシステムから発生したかを示す必要がない場合，矢印の起点は空白とする．同様に，出力がどのようなシステムに入力されるかを示す必要のない場合には，矢印の終点は空白とする．

ブロック図はシステムを表現するための一つの"言語"であり，書き方は厳密に定義されている．ブロック図については後に詳述する (第 5 章)．

2.2　システムの分類

制御工学で取り扱うシステムを数学的な見地から分類する．

2.2.1　因果的なシステム

現実のシステムは因果的であると考えることができる．すなわち，時間的な経過をたどると，結果がその原因よりも先に起こることはない．原因をシステムの入力，結果を出力であると考えると，両者は信号であり，時間の関数である．入力を $u(t)$，それに対する応答を $y(t)$ とする．システムが因果的であれば，

$$u(t) = 0, \quad t < 0 \quad \text{ならば} \quad y(t) = 0, \quad t < 0$$

である．ここで，$y = 0$ は u に対してシステムが応答していない状態と考える．因果的でないシステムは数学的には表すことも可能であるが，現実には存在せず，また実際に作ることもできないので，工学的には興味の対象外である．

2.2.2 時不変システム

システムの性質が時間で変化しないシステムを**時不変システム**という．一方，時間変化するシステムを**時変システム**という．時不変システムは次のように定義する．

> 信号 $u(t)$，$t \geq 0$ に対し応答 $y(t)$ が定義できるとする．τ を任意の定数とする．$u(t-\tau)$ に対する応答が $y(t-\tau)$ であれば，そのシステムは時不変システムである．

時不変システムの応答の一例を図 2.2 に示す．

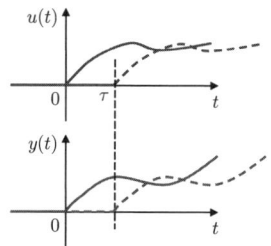

図 2.2　時不変システムの応答の一例

例えば，自動車は走行すれば徐々にタイヤが摩耗し，潤滑油などが劣化する．新車の状態と長年使用した状態とでは特性が異なっている．すなわち厳密に言えば，自動車は時変システムである．しかし数日の単位でみるなら，昨日と今日とでは特性に違いはないと考えて運転することができ，時不変システムと考えることができる．

ロケットは打ち上げ時に，燃料を急激に燃焼し噴出する．打ち上げ前のロケットの質量の大部分は燃料の質量であるので，ロケットの質量は上昇とともに急激に減少する．質量は特性に大きく影響するので，ロケットは時変システムと考える必要がある．

2.2.3 線形システム

線形関数 (119 ページ参照) の特徴を拡張し，**線形システム**を定義する．入出力関係について**重ね合せの原理**が成り立つシステムを線形システムという．線

形システムでないシステムを**非線形システム**という．システムに関して，重ね合わせの原理は次のように表現することができる．

> 任意の入力 $u_1(t)$, $u_2(t)$ に対してシステムの応答はそれぞれ $y_1(t)$, $y_2(t)$ であるとする．このとき，入力 $c_1 u_1(t) + c_2 u_2(t)$ に対する応答は $c_1 y_1(t) + c_2 y_2(t)$ となる．ここで，c_1, c_2 は任意の定数である．

現実のシステムは，非線形であっても，入力の範囲を限れば線形システムであると考えられる．例として抵抗器を考えよう．オームの法則によれば，抵抗器を流れる電流は両端の電圧に比例する．入力を電圧，出力を電流とすれば，抵抗器は線形システムであると考えることができる．しかし厳密には，電圧を増加させれば熱が発生し，抵抗器の抵抗値は増加するであろう．また，電圧を増加させ続ければ抵抗器は焼き切れ，電流は流れなくなる．すなわち抵抗器は，熱の発生が無視できる範囲では線形システムとみなすことができるが，より広い範囲の電圧を想定するならば非線形システムである．

2.2.4 動的システム

オームの法則は

$$V(t) = I(t) R$$

と表される．ここで V は電圧，I は電流，R は電気抵抗である．オームの法則によれば，$I(t)$ の値はその瞬間の $V(t)$ の値によって決まる．

一方，過去の入力の履歴が現在の出力に影響を及ぼすシステムを**動的システム**という．

質点系： 以下に動的システムの例を示す．質点の運動を考える．質点の運動方程式は

$$m\ddot{x}(t) = f(t)$$

と表される．ここで m は質点の質量，x は位置，f は質点に作用する力である．入力を f，出力を x と考えると，x は f を 2 階積分し，m で割って得られるから，ある時刻の x はその時刻以前の f の履歴に依存している．このように，質点は動的システムと考えることができる．

キャパシタ: キャパシタに蓄えられた電荷は，キャパシタの端子電圧に比例する．一方，電荷は電流の積分値である．入力を電流，出力を端子電圧とするとキャパシタは動的システムである．

上記の質点系，キャパシタで共通することは入力が積分され，出力に影響する点である．一般に，動的システムは内部に何らかの積分要素を持ち，そのために入力の瞬時値だけでなく，入力の履歴が出力に反映すると考えることができる．

動的システムのことを，ダイナミクスを持つシステムともいう．あるいは，システムの動的な性質のことを，そのシステムのダイナミクスという．

2.2.5 動的な線形時不変システム

時不変システムであり，しかも線形システムであるシステムを**線形時不変システム**という．本書で制御を考えるシステムは，因果性のある動的な線形時不変システムである．現実に制御の対象として扱うシステムは，線形時不変システムとみなせるように製作されていることが多い．あるいは，時変システムや非線形システムにも，ある種の工夫を加えることにより，線形時不変システムに対する制御手法が利用可能なことがある．

3. 線形時不変システムと線形常微分方程式

3.1 線形常微分方程式によるシステムの表現

あるシステムを線形時不変システムと考えることができれば，そのシステムの特性は定係数線形常微分方程式で表すことができる．以下に，電気回路と力学系の例を紹介する．

3.1.1 RCフィルタ回路

電気回路では，回路中の信号から雑音成分を取り除くことがしばしば重要となる．そのためにフィルタ回路が多用される．最も簡便に構成できるフィルタとして，図 3.1 に示す RC フィルタ回路がある．e_i は端子電圧，i は回路を流れる電流，e_C はキャパシタにかかる電圧，R は抵抗値，C はキャパシタンスである．R, C は定数である．抵抗とキャパシタによる電圧降下は次のように表すことができる．

$$e_R(t) = Ri(t)$$
$$e_C(t) = \frac{1}{C}\int i(t)dt$$

電圧降下と端子電圧は等しいので

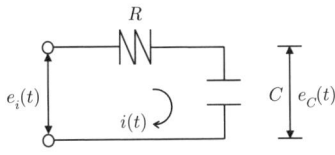

図 3.1 RC フィルタ回路

$$e_i(t) - e_R(t) - e_C(t) = 0$$

が成り立つ．上式に電圧降下の式を代入して整理すると

$$Ri(t) + \frac{1}{C}\int i(t)dt = e_i(t)$$

を得る．$e_C(t) = \int i(t)dt/C$ の関係を用い，上式の変数を i から e_C に変換すると，次の 1 階の定係数線形常微分方程式を得る．

$$\frac{d}{dt}e_C(t) + \frac{1}{RC}e_C(t) = \frac{1}{RC}e_i(t) \tag{3.1}$$

この回路 (システム) の入力を端子電圧 e_i，出力を e_C と考えれば，システムの特性，すなわち，入力と出力との関係が上式で書き表されたことになる．このようなフィルタがどのような特性となるかは，後に詳述する．

3.1.2　共 振 回 路

RC フィルタとは異なる特性が必要であるとき，共振回路をフィルタとして用いることがある．図 3.2 に示す共振回路を考える．ここで，L はコイルのインダクタンスである．R，L，C はすべて定数であるとする．抵抗，コイル，キャパシタによる電圧降下は次のように表すことができる．

$$e_R(t) = Ri(t)$$
$$e_L(t) = L\frac{d}{dt}i(t)$$
$$e_C(t) = \frac{1}{C}\int i(t)dt$$

電圧降下と端子電圧は等しいので

$$e_i(t) - e_R(t) - e_L(t) - e_C(t) = 0$$

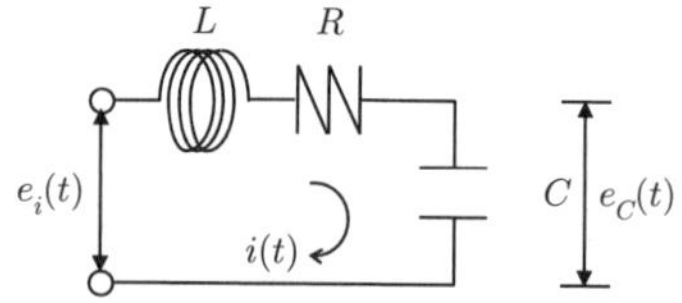

図 3.2　共振回路

となる．上式にそれぞれの素子の電圧降下の式を代入すると，

$$L\frac{d}{dt}i(t) + Ri(t) + \frac{1}{C}\int i(t)dt = e_i(t)$$

となる．$e_C(t) = \int i(t)dt/C$ の関係を用い，上式の変数を i から e_C に変換すると，次の 2 階の定係数線形常微分方程式を得る．

$$\frac{d^2}{dt^2}e_C(t) + \frac{R}{L}\frac{d}{dt}e_C(t) + \frac{1}{LC}e_C(t) = \frac{1}{LC}e_i(t) \qquad (3.2)$$

この回路 (システム) の入力を端子電圧 e_i，出力を e_C と考えれば，システムの特性，すなわち入力と出力との関係が上式で書き表されたことになる．

3.1.3 ばね・ダンパ・台車システム

基本的な力学系であるばね・ダンパ・台車システムを考える (図 3.3)．ここで，x はばねの自然長からの変位，f は台車に働く外力，m, c, k はそれぞれ台車の質量，ダンパの粘性係数，ばね定数である．m, c, k は定数とする．ばね，ダンパが発生する力はそれぞれ次のように表される．

$$f_k(t) = -kx(t)$$
$$f_c(t) = -c\frac{d}{dt}x(t)$$

台車を質点と近似し，ばねとダンパの質量を無視すると，ニュートンの法則から次の運動方程式が得られる．

$$f(t) - f_c(t) - f_k(t) = m\frac{d^2}{dt^2}x(t)$$

上式にばね，ダンパの力の式を代入し，整理すると次の 2 階の線形常微分方程式を得る．

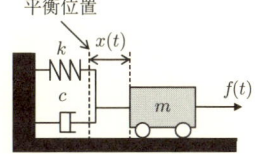

図 3.3　ばね・ダンパ・台車システム

$$\frac{d^2}{dt^2}x(t) + \frac{c}{m}\frac{d}{dt}x(t) + \frac{k}{m}x(t) = \frac{1}{m}f(t) \tag{3.3}$$

このシステムの入力を外力 f, 出力を台車の変位 x と考えると, システムの特性は (3.3) 式で表されたことになる.

3.1.4　1次遅れ系・2次振動系

共振回路とばね・ダンパ・台車系の特性は, それぞれ次の線形常微分方程式で表されることがわかった.

$$\frac{d^2}{dt^2}e_C(t) + \frac{R}{L}\frac{d}{dt}e_C(t) + \frac{1}{LC}e_C(t) = \frac{1}{LC}e_i(t)$$

$$\frac{d^2}{dt^2}x(t) + \frac{c}{m}\frac{d}{dt}x(t) + \frac{k}{m}x(t) = \frac{1}{m}f(t)$$

二つの微分方程式を見比べよう. 両者はともに, 次の形式の2階の定係数線形常微分方程式であることがわかる.

$$\ddot{y}(t) + a_1\dot{y}(t) + a_0 y(t) = b_0 u(t) \tag{3.4}$$

ここで, y はシステムの出力, u は入力, a_i $(i=0,1)$, b_0 はある定数である. 同じ形式の微分方程式で記述できるので, 二つのシステムの特性は本質的に同じであると考えることができる. このように, (3.4) 式で表されるシステムを**2次振動系**あるいは**2次遅れ系**と総称する. 例えば電気回路と力学系のように全く違う実態を持ったシステムでも, 2次振動系としては同じ性質のシステムとみなすことができるのである.

いま, f に対する x の応答を解析する必要が生じたとする. 実際にばね・ダンパ・台車系を製作せずに, 解析を実行する方法はないであろうか. 一つの方法は, 2次振動系 (3.4) 式の性質を数学的に調べることであろう. 別の方法としては, 共振回路を製作し, 入力電圧に対するキャパシタ電圧の応答を実験的に調べる方法がある[*1]. R, L, C の値を

[*1] このように, 様々なシステムの特性は電気回路で模擬できる. 現代ではほとんど用いられることがなくなったアナログコンピュータは, 様々なシステムの特性や微分方程式を模擬できる汎用的な電気回路である. 現在ではデジタルコンピュータが発達したため, 電気回路を製作せずとも, プログラミングで微分方程式を数値的に解くことができる.

$$\frac{R}{L} = \frac{c}{m}, \quad \frac{1}{LC} = \frac{k}{m}$$

となるように選べば，二つのシステムを表す微分方程式の左辺の係数は等しくなる．さらに，スケーリングの考え方を導入し，$e_i = LCf/m$ とみなすなら，外力 f に対する台車の変位 x の応答特性は，入力電圧に対するキャパシタ電圧の応答特性と等しくなる．

RCフィルタ回路を思い出そう．RCフィルタ回路の特性は1階の線形常微分方程式で記述することができた．2次振動系の場合と同様に，1階の線形常微分方程式

$$\dot{y}(t) + a_0 y(t) = b_0 u(t) \tag{3.5}$$

で特性を記述できるシステムを **1 次遅れ系** と総称する．

例えば，ばね・ダンパ・台車系からばねを取り除き，そのうえで，システムの出力を台車の速度と考えたシステムはRCフィルタ回路と同じく1次遅れ系である．

3.1.5 むだ時間要素

図 3.4 に示すように，入力信号の波形を変えずある時間だけ遅延させるシステムを**むだ時間要素**という．むだ時間要素も重ね合わせの原理を満たすので線形時不変システムである．むだ時間要素は

$$y(t) = u(t - \tau) \tag{3.6}$$

と表すことができる．ここで τ はむだ時間を表す定数である．

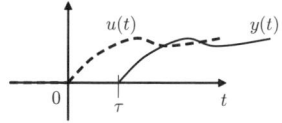

図 3.4 むだ時間要素

3.2 一般的な線形時不変システム

3.2.1 むだ時間要素を含まない線形時不変システム

先に例として取り上げた電気回路や力学系は線形時不変システムであるが,より複雑な動特性を有する線形時不変システムが存在する.むだ時間要素を含まない範囲の一般的な線形時不変システムの表現として次の形式の線形常微分方程式

$$y^{(n)}(t) + a_{n-1}y^{(n-1)}(t) + \cdots + a_1 y^{(1)}(t) + a_0 y(t) \\ = b_m u^{(m)}(t) + b_{m-1}u^{(m-1)}(t) + \cdots + b_1 u^{(1)}(t) + b_0 u(t) \quad (3.7)$$

が考えられるかもしれない.ただし

$$y^{(k)}(t) = \frac{d^k}{dt^k}y(t), \quad k = 1, 2, \cdots, n$$

$a_i\,(i = 0, 1, \cdots, n-1)$ および $b_l\,(l = 0, 1, \cdots, m)$ は実数,$n > m$ である.本書では $y^{(k)}$ を適宜 y の k 階時間微分の意味で用いるが,一般的な記述法ではないことに注意されたい.

(3.7) 式では,右辺に入力の時間微分項が表れている.数学的には (3.7) 式の表現は可能であるが,現実に存在するシステムで,入力信号を微分するシステムは自然界に見出し難く,また人工的に作ることは不可能である.すると,(3.7) 式は工学的には不自然な表現であると考えられる.そこで,入力信号の微分を用いない表現法を考える.媒介変数 x を用いて (3.7) 式を

$$x^{(n)}(t) + a_{n-1}x^{(n-1)}(t) + \cdots + a_1 x^{(1)}(t) + a_0 x(t) = u(t) \quad (3.8)$$

$$y(t) = b_m x^{(m)}(t) + b_{m-1}x^{(m-1)}(t) + \cdots + b_1 x^{(1)} + b_0 x(t) \quad (3.9)$$

と書き換える[*2].後で述べるブロック図による表現を用いれば明らかであるが,(3.8),(3.9) 式は微分演算を用いず,積分演算だけで解くことができる.この性質から,(3.8),(3.9) 式は微分方程式を数値的に解くときにも有効な表現である.

[*2] この表現方法は状態空間表現法といわれるシステム表現法の応用となっている.興味のある読者は,現代制御理論を参照されたい.

(3.7) 式で表そうとするシステムの特性は (3.8), (3.9) 式で表せる. u は k 回微分可能であると仮定する. (3.8) 式の両辺を k 回微分すると

$$x^{(n+k)}(t) + a_{n-1}x^{(n+k-1)}(t) + \cdots + a_1 x^{(k+1)}(t) + a_0 x^{(k)}(t) = u^{(k)}(t) \tag{3.10}$$

が成立する. すなわち, u に対する解が x であるとすれば, $u^{(k)}$ に対し $x^{(k)}$ が解となる. したがって, (3.7) 式の右辺

$$b_m u^{(m)}(t) + b_{m-1} u^{(m-1)}(t) + \cdots + b_1 u^{(1)}(t) + b_0 u(t) \tag{3.11}$$

に対する (3.8) 式の解は, 重ね合せの原理より

$$b_m x^{(m)}(t) + b_{m-1} x^{(m-1)}(t) + \cdots + b_1 x^{(1)} + b_0 x(t) \tag{3.12}$$

となり (3.9) 式の右辺に一致する. (3.7) 式の厳密な取扱いは数学的にも複雑である. 興味がある読者は, 11.13.2 項を参照されたい.

3.2.2　入力端や出力端にむだ時間要素を持つ線形時不変システム

(3.8), (3.9) 式で表されるシステムの入力端にむだ時間要素が直列結合したシステムは

$$\begin{aligned}&x^{(n)}(t) + a_{n-1}x^{(n-1)}(t) + \cdots + a_1 x^{(1)}(t) + a_0 x(t) = u(t-\tau) \\ &y(t) = b_m x^{(m)}(t) + b_{m-1} x^{(m-1)}(t) + \cdots + b_0 x(t)\end{aligned} \tag{3.13}$$

と表すことができる. 一方, 出力端にむだ時間要素が直列結合したシステムは

$$\begin{aligned}&x^{(n)}(t) + a_{n-1}x^{(n-1)}(t) + \cdots + a_1 x^{(1)}(t) + a_0 x(t) = u(t) \\ &y(t+\tau) = b_m x^{(m)}(t) + b_{m-1} x^{(m-1)}(t) + \cdots + b_0 x(t)\end{aligned} \tag{3.14}$$

と表すことができる.

実際に制御対象となるシステムにはむだ時間が含まれることが多い. 一般に, むだ時間要素はフィードバック制御系の性能を下げる方向に作用することが指摘されている. 本書では後の章の例題にむだ時間要素を含むシステムを取り上げる. 制御対象にむだ時間要素を含む場合の制御問題に興味のある読者は専門

書[*3)]を参照されたい.

演習問題

3.1 図 3.3 のばね・ダンパ・台車システムが線形システムであることを示せ.

3.2 (3.8), (3.9) 式で表せるシステムが線形システムであることを示せ.

[*3)] 例えば,阿部直人,児島 晃:むだ時間・分布定数系の制御,コロナ社 (2007) を参照.

4. 線形時不変システムと伝達関数

4.1 伝 達 関 数

　線形時不変システムの応答を表現する手段の一つに**伝達関数**がある．伝達関数は有理関数であり複素関数である．

　システムの入出力特性は第 3 章の (3.8)，(3.9) 式

$$x^{(n)}(t) + a_{n-1}x^{(n-1)}(t) + \cdots + a_1 x^{(1)}(t) + a_0 x(t) = u(t)$$
$$y(t) = b_m x^{(m)}(t) + b_{m-1}x^{(m-1)}(t) + \cdots + b_0 x(t)$$

を用いて表されると考えよう．線形時不変システムの伝達関数は，次のような手順で定義する．以下，信号 $x(t)$ のラプラス変換 $L[x(t)]$ を $x(s)$ と略記する．ここで s はラプラス演算子である．ラプラス変換については 11.10.3 節を参照されたい．

　(3.8)，(3.9) 式をラプラス変換すると次の式を得る．

$$(s^n + a_{n-1}s^{n-1} + \cdots + a_1 s + a_0)x(s) - X_1(s) = u(s)$$
$$y(s) = (b_m s^m + b_{m-1}s^{m-1} + \cdots + b_1 s + b_0)x(s) - X_2(s)$$

ただし X_1，X_2 は初期値 $x^{(n-1)}(0), \cdots, x^{(0)}(0)$ に依存する項である[1]．初期値に依存しない項だけを残すと

---

[1]
$$X_1(s) = \sum_{i=1}^{n} s^{n-i} x^{(i-1)}(0) + a_{n-1}\sum_{i=1}^{n-1} s^{n-i-1} x^{(i-2)}(0) + \cdots + a_1 x^{(0)}(0)$$
$$X_2(s) = b_m \sum_{i=1}^{m} s^{m-i} x^{(i-1)}(0) + b_{m-1}\sum_{i=1}^{m-1} s^{n-i-1} x^{(i-2)}(0) + \cdots + b_1 x^{(0)}(0)$$

$$(s^n + a_{n-1}s^{n-1} + \cdots + a_1 s + a_0)x(s) = u(s)$$
$$y(s) = (b_m s^m + b_{m-1}s^{m-1} + \cdots + b_1 s + b_0)x(s)$$

さらに x を消去して

$$y(s) = G(s)u(s) \tag{4.1}$$
$$G(s) = \frac{b_m s^m + b_{m-1}s^{m-1} + \cdots + b_1 s + b_0}{s^n + a_{n-1}s^{n-1} + \cdots + a_1 s + a_0} \tag{4.2}$$

を得る．$G(s)$ をシステムの**伝達関数**という．伝達関数の分子多項式と分母多項式をそれぞれ

$$b(s) = b_m s^m + b_{m-1}s^{m-1} + \cdots + b_1 s + b_0$$
$$a(s) = s^n + a_{n-1}s^{n-1} + \cdots + a_1 s + a_0$$

とおいて，伝達関数を

$$G(s) = \frac{b(s)}{a(s)}$$

と表すこともできる．

(4.1) 式は初期値が

$$x^{(n-1)}(0) = x^{(n-2)} = \cdots = x^{(0)}(0) = 0 \tag{4.3}$$

であり，ラプラス変換は定義より，時間に関する積分区間を $[0,\ t]$ ととるので[*2)]，入力は

$$u(t) = \begin{cases} 0, & t < 0 \\ f(t), & t \geq 0 \end{cases} \tag{4.4}$$

としたことに相当する．ここで f は時刻 $t \geq 0$ での入力を表す時間の関数である．以上から，(4.1) 式左辺の y は，時刻 $t = 0$ 以降に発生した入力 u に対するシステムの応答と考えることができる．

x やその微分値が $t = 0$ ですべていったん 0 になるのであれば，$t < 0$ での

[*2)] ラプラス変換の定義式は $f(s) = \int_0^\infty f(t)e^{-st}dt$ であるので (第 11 章の (11.14) 式参照)，u に関するラプラス変換では，$t < 0$ における u の値は考慮していない．$t < 0$ での u の影響は初期値，すなわち $t = 0$ における $x^{(n-1)}$, $x^{(n-2)}$, $x^{(1)}$, x の値に反映されている．

それらの値は出力に影響しないことを確かめておこう．入力の影響をなくすため，$u = 0, \ t \geq 0$ とおく．(3.8) 式は $t \geq 0$ において

$$x^{(n)}(t) + a_{n-1}x^{(n-1)}(t) + \cdots + a_1 x^{(1)}(t) + a_0 x(t) = 0$$

となる．上式は

$$x^{(n)}(t) = -a_{n-1}x^{(n-1)}(t) - \cdots - a_1 x^{(1)}(t) - a_0 x(t) \tag{4.5}$$

と変形できる．この微分方程式を解くには，まず上式 (4.5) から初期値を用いて時刻 $t = 0$ での $x^{(n)}$ を求める．次に

$$x^{(n-1)}(t) = \int_0^t x^{(n)}(\tau)d\tau$$
$$x^{(n-2)}(t) = \int_0^t x^{(n-1)}(\tau)d\tau$$
$$\vdots$$
$$x^{(0)}(t) = \int_0^t x^{(1)}(\tau)d\tau$$

の積分を時刻 $t = 0$ より微小時間後まで実行し，その結果を (4.5) 式に再び代入し微小時間後の $x^{(n)}$ を導出する．この手順を繰り返せば，その過程で $x(t)$ が求まる．いま，初期値は (4.3) 式のようにすべて 0 なので，$x^{(n)}(0) = 0$ となり，解は

$$x^{(n-1)}(t) = x^{(n-2)}(t) = \cdots = x(t) = 0, \quad t \geq 0$$

となる．上式が成り立つので

$$y(t) = 0, \quad t \geq 0$$

となる[*3]．すなわち，初期値がすべて 0 であれば，時刻 $t \geq 0$ でのシステムの出力は，時刻 $t \geq 0$ 以降に入力された信号に対する応答であることがわかる．

伝達関数のパラメータには，$a_i \ (i = 0, 1, \cdots, n-1)$，$b_\ell \ (\ell = 0, 1, 2, \cdots, m)$ があり，これらのパラメータが線形時不変システムの特性を表現している．a_i,

---

[*3] 端的にいえば $x^{(n-1)}(t) = x^{(n-2)}(t) = \cdots = x^{(0)}(t) = 0$ は平衡点である．

b_ℓ はそれぞれ (3.8), (3.9) 式のパラメータに一致している．現実のシステムを表す線形常微分方程式のパラメータはすべて実数であり，対応する伝達関数のパラメータもすべて実数となる．

線形常微分方程式とそのラプラス変換である伝達関数は，1 対 1 に対応しており，伝達関数は線形常微分方程式の別形式による表現であると考えることができる．

4.2 伝達関数の極と零点

複素関数の極と零点とは次のように定義される[*4]．
- 複素関数 $G(s)$ の値が 0 となる点 s_z を $G(s)$ の零点という．
- $G(s)$ が点 s_p を除いた $s = s_p$ の近傍で正則であるとする．s_p が $G(s)$ の極であるとは，$s \to s_p$ に対して $G(s) \to \infty$ であることである．

4.2.1 伝達関数の極

伝達関数は一般に (4.2) 式

$$G(s) = \frac{b(s)}{a(s)}$$
$$b(s) = b_m s^m + b_{m-1} s^{m-1} + \cdots + b_1 s + b_0$$
$$a(s) = s^n + a_{n-1} s^{n-1} + \cdots + a_1 s + a_0$$

の形式で表される．伝達関数は，(3.7) 式あるいは (3.8), (3.9) 式で表される微分方程式の時間関数の部分をラプラス変換して得られたものであり，変数 s は複素数である (11.11 節参照)．このことから，伝達関数は複素関数と見ることができる．

$a(s)$ および $b(s)$ は必ず実数の定数を係数とする s の多項式であり，伝達関数は係数が実数である**有理関数**である．

複素関数の極の概念を伝達関数に適用すると，極は伝達関数の分母多項式 $a(s)$ が 0 となる点である．すなわち，伝達関数の極は

$$s^n + a_{n-1} s^{n-1} + \cdots + a_1 s + a_0 = 0 \tag{4.6}$$

[*4] 松田 哲, 複素関数, 岩波書店 (1996)

の根である．上式 (4.6) を伝達関数の**特性方程式**，その左辺を**特性多項式**という．伝達関数の分母多項式は，導出過程から明らかなように，微分方程式 (3.8) の左辺に由来する．そのため，同じシステムの特性を表す微分方程式の斉次方程式 (11.5) と特性方程式とは同じ方程式となる．後で述べるように，伝達関数の極はシステムの安定性を表している．

4.2.2　伝達関数の零点

複素関数の零点の定義から，分子多項式から導かれた次の方程式

$$b(s) = 0 \qquad (4.7)$$

の根は $G(s)$ の零点である[*5]．また，複素右半平面に零点を持つシステムを非最小位相系と呼ぶ．

零点は，システムが遮断する信号に関係がある．伝達関数の導出の過程から明らかなように，伝達関数の分子多項式は (3.7) 式

$$y^{(n)}(t) + a_{n-1}y^{(n-1)}(t) + \cdots + a_0 y(t) \\ = b_m u^{(m)}(t) + b_{m-1}u^{(m-1)}(t) + \cdots + b_1 u^{(1)}(t) + b_0 u(t)$$

の右辺，あるいは (3.9) 式

$$y(t) = b_m x^{(m)}(t) + b_{m-1}x^{(m-1)} + \cdots + b_1 x^{(1)}(t) + b_0 x(t)$$

の右辺に由来している．

いま，λ_0 を $b(s) = 0$ の根とする．入力を

$$u(t) = e^{\lambda_0 t}$$

とおくと (3.7) 式の右辺は

$$b_m u^{(m)}(t) + b_{m-1}u^{(m-1)}(t) + \cdots + b_1 u^{(1)}(t) + b_0 u(t) = b(\lambda_0) u(t)$$

[*5] $G(s) = 0$ を零点の定義に用いることから，無限遠点 $s = \infty$ で $G = 0$ となる場合，$s = \infty$ を零点に含める場合もある．例えば，$s = \infty$ を $1/(s+1)$ の零点と考えることがある．

であり，$b(\lambda_0) = 0$ より 0 となるので，y に u の影響は現れなくなる．また，(3.8) 式では u に対する x の特殊解は

$$x_{\lambda_0}(t) = \frac{1}{a(\lambda_0)} e^{\lambda_0 t}$$

となる．x_{λ_0} を (3.9) 式に代入するとやはり $y = 0$ となり，入力 $e^{\lambda_0 t}$ の影響は出力に現れない．すなわち，入力が成分に $e^{\lambda_0 t}$ を含んでいても，$s = \lambda_0$ に零点があるシステムは $e^{\lambda_0 t}$ に応答しない．

4.2.3 極零相殺

$a(s) = 0$ と $b(s) = 0$ とが共通の根を p 個持つ場合，伝達関数 $G = b(s)/a(s)$ は約分され，見かけ上 $n - p$ 次の伝達関数となる．$b(s)/a(s)$ の約分により，$G(s)$ の見かけ上の次数が低下することを**極零相殺**という．

例　$b(s) = s + 1$，$a(s) = (s + 1)(s + 2)$ とすると

$$G(s) = \frac{s + 1}{(s + 1)(s + 2)} = \frac{1}{s + 2}$$

(3.8)，(3.9) 式を用いて極零相殺の影響を考えよう．いま，議論を簡単にするため，特性方程式の根はすべて相異なり，$b(s) = 0$ と $a(s) = 0$ の共通の根は唯一で $s = \lambda_C$ とする．すなわち $s = \lambda_C$ に位置する零点と極とが相殺すると仮定する．(3.8) 式の斉次解は

$$c_c e^{\lambda_C t} + \sum_{i}^{n-1} c_i e^{\lambda_i t}$$

と表される．ここで λ_i は λ_C 以外の極，c_c, c_i は適当な係数である．

斉次解の成分である $e^{\lambda_C t}$ は (3.9) 式右辺の性質から $s = \lambda_C$ に零点が生じるため，出力に現れない．斉次解は入力に起因するのでなく，システムの初期値に由来して発生する．もし $\lambda_C > 0$ であり（すなわち複素右半平面に極零相殺があり），かつ初期値の影響により c_c が 0 でなければ，$u = 0$ であっても斉次解の成分 $c_c e^{\lambda_C t}$ のため x は発散する．しかし，そのとき出力 y は発散しないことに注意されたい．この現象は，9.2.3 項に述べる内部安定性に関連する．

4.2.4 伝達関数の次数と相対次数

伝達関数の分母多項式の次数 n を伝達関数の**次数**という．次数は伝達関数に対応する線形常微分方程式の最大微分階数に一致する．伝達関数の次数 n から伝達関数の分子多項式の次数 m を引いた数 $n-m$ を，伝達関数の**相対次数**という．

伝達関数は相対次数に基づいて次のように分類される．相対次数が 0 以上の伝達関数を**プロパ**な伝達関数という．なかでも特に相対次数が 1 以上である伝達関数を**強プロパ**な伝達関数という．プロパでない，すなわち相対次数が -1 以下である伝達関数を**非プロパ**な伝達関数という．

以下に，いくつかの例を示す．

[1次遅れ系の伝達関数] $\quad \dfrac{3}{s+2}$

は 1 次の伝達関数で，相対次数が 1 であるから強プロパである．

[2次遅れ系] $\quad \dfrac{2}{s^2+2s+3}$

は相対次数 2 の強プロパな伝達関数である．

[伝達関数] $\quad \dfrac{s+1}{s+3}$

はプロパであるが，強プロパではない．

$$\frac{2s^3+1}{s^2+2s+3}$$

は非プロパな伝達関数である．

4.2.5 むだ時間要素と伝達関数

むだ時間要素の入出力関係は

$$y(t) = u(t-\tau)$$

となる．ここで τ は出力信号の遅れを表す定数である．この関係を伝達関数で表すと第 11 章の (11.29) 式より

$$y(s) = e^{-\tau s}u(s) \tag{4.8}$$

となる．また，(3.13) 式で表される入力端にむだ時間要素が直列結合したシステムの伝達関数は

$$\frac{b_m s^m + b_{m-1}s^{m-1} + \cdots + b_0}{s^n + a_{n-1}s^{n-1} + \cdots + a_0}e^{-\tau s} \tag{4.9}$$

となる．(3.14) 式で表される出力端にむだ時間要素が直列結合したシステムの伝達関数も (4.9) 式で表される．むだ時間要素の伝達関数は s で展開すると

$$e^{-\tau s} = 1 - \tau s + \frac{1}{2}(\tau s)^2 - \cdots$$

であり，無限級数となる．したがって，s の多項式で表現すると，むだ時間要素を含むシステムの次数は無限となる．無限の次数を持つシステムを**無限次元システム**と呼ぶ．

伝達関数の次元が無限次元では，制御系の設計に不都合が生じることがある．そこで，むだ時間要素を有理関数で近似することが考えられる．むだ時間要素の近似として，以下に示すパデ近似がよく用いられる．

[1 次のパデ近似] $\quad e^{-\tau s} \sim \dfrac{-(\tau/2)s + 1}{(\tau/2)s + 1}$

[2 次のパデ近似] $\quad e^{-\tau s} \sim \dfrac{(\tau s)^2 - 6\tau s + 12}{(\tau s)^2 + 6\tau s + 12}$

2 次より次数の高いパデ近似も定義されている．パデ近似の伝達関数は非最小位相系となっていることに注意されたい．

4.3 伝達関数とインパルス応答

4.3.1 インパルス応答

ディラックのデルタ関数 (11.8 節参照) に対するシステムの応答をインパルス応答という．次のように，伝達関数から簡単にインパルス応答を知ることができる．ディラックのデルタ関数のラプラス変換は 1 であるから (11.11 節参照) $u(s) = 1$ とおいて，インパルス応答は

$$y(s) = G(s) \tag{4.10}$$

4.3 伝達関数とインパルス応答

と表される．すなわち，線形時不変システムのインパルス応答をラプラス変換すると，伝達関数 G に一致する．インパルス応答を時間の関数として表すには，伝達関数を

$$g(t) = L^{-1}[G(s)]$$

とラプラス逆変換すればよい．ディラックのデルタ関数は $t < 0$ において値が 0 であるので，因果性から $g = 0$, $t < 0$ である．以上をまとめると，インパルス応答は

$$g(t) = \begin{cases} 0, & t < 0 \\ L^{-1}[G(s)], & t \geq 0 \end{cases} \tag{4.11}$$

と表すことができる．以下，特に必要がない限り $t < 0$ の領域で $g = 0$ であることは強調しないこととする．

4.3.2　1 次遅れ系のインパルス応答

1 次遅れ系は微分方程式を用いて

$$\dot{y}(t) + ay(t) = bu(t)$$

と表される．伝達関数を用いると 1 次遅れ系は

$$y(s) = G(s)u(s), \quad G(s) = \frac{b}{s+a}$$

と表される．$G(s)$ をラプラス逆変換して，インパルス応答は

$$g(t) = be^{-at}$$

となる (11.11.3 項参照)．$a > 0$ ならば，$t \to \infty$ の極限で $g = 0$ となりインパルス応答は 0 に収束し，$a < 0$ ならば $|g| \to \infty$ となりインパルス応答は発散する．

4.3.3　2 次振動系のインパルス応答

2 次振動系は微分方程式で

$$\ddot{y}(t) + a_1 \dot{y}(t) + a_0 y(t) = b_0 u(t)$$

と表される．伝達関数は

$$G(s) = \frac{b_0}{s^2 + a_1 s + a_0}$$

となる．以下に示すように特性方程式の根によりインパルス応答は異なった形で表される．

a. 特性方程式の根が相異なる場合

特性方程式

$$s^2 + a_1 s + a_0 = 0$$

が相異なる根 λ_1, λ_2 を持つ場合，$G(s)$ は

$$G(s) = \frac{\zeta_1}{s + \lambda_1} + \frac{\zeta_2}{s + \lambda_2}$$

と部分分数に展開できる (11.12 節参照)．ここで，$\lambda_1, \lambda_2, \zeta_1, \zeta_2$ は $\lambda_1 + \lambda_2 = a_1$, $\lambda_1 \lambda_2 = a_0$, $\zeta_1(s + \lambda_2) + \zeta_2(s + \lambda_1) = b_0$ を満たす複素数である．インパルス応答は

$$g(t) = \zeta_1 e^{-\lambda_1 t} + \zeta_2 e^{-\lambda_2 t}$$

と表される．λ_1, λ_2 がともに実数であれば ζ_1, ζ_2 もともに実数であり g は実数値をとる．λ_1, λ_2 が実数でなければ，両者は互いに複素共役な複素数である．この場合は ζ_1 と ζ_2 も互いに複素共役となり，g は実数となる．

b. 特性方程式が重根を持つ場合

特性方程式が重根 $s = -\lambda$ を持てば，$G(s)$ は

$$G(s) = \frac{\zeta_1}{s + \lambda} + \frac{\zeta_2}{(s + \lambda)^2}$$

と部分分数に展開される．インパルス応答は，$G(s)$ を項別にラプラス逆変換 (132 ページ参照) して

$$g(t) = \zeta_1 e^{-\lambda t} + \zeta_2 t e^{-\lambda t}$$

と表される．特性方程式が重根を持つ場合，ζ_1, ζ_2, λ はすべて実数であることに注意されたい．

4.3.4 インパルス応答とシステムの応答

伝達関数 G と入力 u とが具体的に与えられれば，u に対するシステムの応答 y が一意に決まることは前述した．また，インパルス応答 g は，伝達関数 G のラプラス逆変換である．ラプラス変換は 1 対 1 の変換であるから，g と G とは同じ意味を持っており，インパルス応答 g と u とが与えられれば，u に対する応答 y が決められるはずである．実際，入力 u に対する応答 y は，g と u との畳込み積分 (11.9 節参照) で表すことができる．

インパルス応答 g と u との畳込み積分

$$\int_0^t g(t-\tau)u(\tau)d\tau$$

を考えよう．(11.13) 式より，上式をラプラス変換すると

$$L\left[\int_0^t g(t-\tau)u(\tau)d\tau\right] = G(s)u(s) = y(s)$$

を得る．ただし $L[g] = G$ と書いた．上式から自明なように，上式の右辺と左辺を入れ替えて，さらにラプラス逆変換すると

$$y(t) = \int_0^t g(t-\tau)u(\tau)d\tau \tag{4.12}$$

を得る．

上式 (4.12) を別の考え方で導いてみよう．次のような順番で考えを進める．

1. 入力 $\delta(t)$ に対する出力は $g(t)$ である．t は現在の時刻と考える．
2. システムは時不変としているので，任意の実数 τ に関して入力 $\delta(t-\tau)$ に対する出力は $g(t-\tau)$ である．
3. ある時刻 τ での瞬間の入力の値を $u(\tau)$ とする．システムは線形としているので，入力 $u(\tau)\delta(t-\tau)$ に対する出力は $u(\tau)g(t-\tau)$ となる．
4. $u(\tau)\delta(t-\tau)$ の τ を 0 から，微小時間ずつ t まで増やしてできる無限個の入力信号を考える (図 4.1 参照)．できた無限個の入力信号をすべて足し合わせた入力信号は

$$\int_0^t u(\tau)\delta(t-\tau)d\tau$$

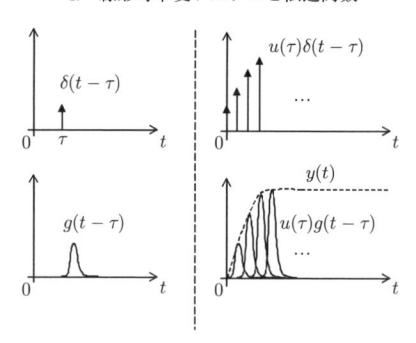

図 4.1 出力の畳込み積分による表現

と表される．この積分を実行すると，ディラックのデルタ関数の性質から $u(t)$ となる．

5. この入力に対する出力は重ね合せの原理より，$u(\tau)g(t-\tau)$ の τ を 0 から t まで，微小時間ずつ増やしてできる無限個の信号の総和となり

$$\int_0^t u(\tau)g(t-\tau)d\tau$$

と表される．

以上から，$u(t)$ に対する出力 $y(t)$ は (4.12) 式で表されることが示された．

4.4 伝達関数とシステムの結合

システムは，より小規模なシステム (サブシステム) が集まってできていると考えることがある．このような場合は，サブシステムどうしが結合し合って全体のシステムが構成されていると見ることができる．伝達関数 G で表されるシステムでは，入力 u に対する出力 y は単純に $G(s)$ と $u(s)$ と積の形で表される．この性質を利用すると，システムの結合を容易に表すことができる．

4.4.1 直列結合

次のように伝達関数で表される二つのシステムがある．

$$z(s) = G_1(s)u(s)$$
$$y(s) = G_2(s)z(s)$$

G_1 で表されるシステムの出力は，G_2 で表されるシステムの入力となっている．z を消去して，u に対する出力 y は次のように表される．

$$y(s) = G_2(s)G_1 u(s)$$

あるいは，u から y への伝達関数を G とすると

$$G(s) = G_2(s)G_1(s)$$

と表される．

4.4.2 並列結合

共通の入力を持つ二つのシステムの出力の和が，全体のシステムの出力となる場合を考える．二つのシステムの伝達関数が G_1，G_2，出力がそれぞれ y_1，y_2，システム全体の出力が y とすると

$$y_1(s) = G_1(s)u(s)$$
$$y_2(s) = G_2(s)u(s)$$
$$y(s) = y_1(s) + y_2(s)$$

である．u に対する y は

$$y(s) = \{G_1(s) + G_2(s)\} u(s)$$

と表される．あるいは，u から y への伝達関数は

$$G(s) = G_1(s) + G_2(s)$$

と表される．

4.4.3 フィードバック結合

伝達関数 G_1，G_2 で表される二つのシステムが次のように結合している場合を考える．

$$y(s) = G_1(s)\{u(s) - z(s)\}$$
$$z(s) = G_2(s)y(s)$$

信号 y は G_1 の出力, u, z は G_1 に入力される信号である. 伝達関数 G_2 で表されるシステムの入力は y, 出力は z となっている. G_1 の出力 y は G_2 を介して再び G_1 に入力されている. 入力 y はフィードバック (帰還) されるという. z を消去すると

$$y(s) = G_1(s)\{u(s) - G_2(s)y(s)\}$$

であり, 右辺の y を左辺に移行し整理すると

$$y(s) = \frac{G_1(s)}{1 + G_1(s)G_2(s)}u(s)$$

と表される. あるいは, u から y への伝達関数は

$$G(s) = \frac{G_1(s)}{1 + G_1(s)G_2(s)}$$

と表される.

フィードバック結合を制御に利用すると様々な効果が得られる. その詳細は後述する.

このような伝達関数の性質は, 第5章に述べるシステムのブロック図表現と組み合わせると, さらに有効である.

例 G_1, G_2 で表されるシステムの微分方程式はそれぞれ

$$\ddot{y}(t) + 2\dot{y}(t) + 5y(t) = u(t) - z(t)$$
$$\dot{z}(t) + 6z(t) = 3y(t)$$

であるとする. 上式は連立した微分方程式である. いま, 伝達関数は

$$G_1(s) = \frac{1}{s^2 + 2s + 5}, \quad G_2(s) = \frac{3}{s + 6}$$

となるので

$$y(s) = \frac{\frac{1}{s^2+2s+5}}{1 + \frac{1}{s^2+2s+5}\frac{3}{s+6}}u(s) = \frac{s+6}{s^3 + 8s^2 + 17s + 33}u(s)$$

が代数計算から容易に求まる．さらにこのシステムのインパルス応答を求めるのであれば，11.12.2 項の方法で伝達関数を部分分数に展開し，ラプラス逆変換すればよい．

演習問題

4.1 伝達関数の極と，対応する線形常微分方程式の斉次解との関係を述べよ．

4.2 システムのインパルス応答 $g(t)$ と入力 $u(t)$ との畳込み積分をラプラス変換すると，$g(t)$ のラプラス変換と $u(t)$ のラプラス変換との積になることを，ラプラス変換の定義を用いて示せ．

5. システムの結合とブロック図

5.1 ブロック図によるシステムの表現

線形時不変システムを視覚的に表現する方法としてブロック図がある．ブロック図を使うと，しばしば直観的にシステムの構造を理解することが容易となる．ブロック図は，微分方程式や，特に伝達関数と等価なシステムの表現法であり，描き方には数式を書く場合と同様に，厳格に守るべき決まりがある．

5.1.1 基本的なブロック図

あるシステムの入力を u，出力を y，システムの"名前"を G とする．u, y を時刻 t の関数とすると，このシステムはブロック図で図 5.1 のように表すことができる．

- 信号は矢印，システムはブロック (箱) で表し，矢印の方向は信号の方向を表している．
- 矢印は必ず片方に矢じりのついた矢印 ($\rightarrow$ や $\leftarrow$) を用い，両方に矢じりのついた矢印 ($\longleftrightarrow$) は用いない．
- ブロック図で表現されるシステムは，特に線形時不変系である必要も動的システムである必要もない．ブロック図は単にシステムへの入力と出力を表している．

$$u(t) \rightarrow \boxed{G} \rightarrow y(t)$$

図 5.1 微分方程式に基づくブロック図

5.1 ブロック図によるシステムの表現

- 入力 u と出力 y とは同時刻の信号である．
- G が動的システムなら，ブロックは u と y との関係を表す微分方程式に対応する．

ブロック図は，入力と出力との関係は表すが，入力 u に対しどのような計算アルゴリズムが実行され，どのような手順で y が計算されるかは表現していないことに注意すべきである．この点でブロック図はフローチャートとは大きく異なっている．

図 5.2 は伝達関数を用いたブロック図である．図 5.2 では，ブロックは伝達関数 $G(s)$ に相当する．$y(s) = G(s)u(s)$ をブロック図に表すと，$y(s)$ は $u(s)$ を $G(s)$ 倍した信号であることが直観的に理解できよう．

信号の加算

$$u_3(s) = u_1(s) + u_2(s)$$

あるいは加減算

$$z(t) = u(t) - v(t) + w(t)$$

はそれぞれ，図 5.3 a), b) のような加算点で表す．加算点は白抜きの円で表し，入力する信号が加算されるのか減算されるのかはそれぞれ，矢印の近くに + あるいは − の符号を付けて表す．

一つのブロックを**伝達要素**と呼ぶことがある．システムを構成する一つ一つのサブシステムをそれぞれ一つの伝達要素に対応させてブロック図を描くこと

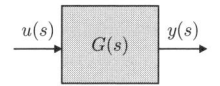

図 5.2 伝達関数にもとづくブロック図

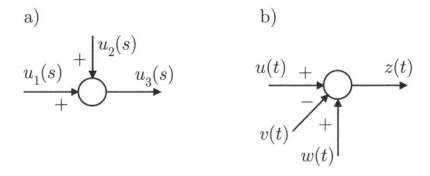

図 5.3 加算点

ができる．システムをブロック図で表すことは，サブシステムである伝達要素どうしの信号の受け渡しを表すことでもある．

5.1.2 ブロック図を構成する最小の要素

線形時不変システムには，プロパな伝達関数で表されるものと，そうでないものがあった．プロパな伝達関数で表されるシステムは

- 比例要素：入力した信号を定数倍して出力するブロック
- 積分要素：入力した信号を積分して出力するブロック
- 加算点：入力した複数の信号を加算あるいは減算して出力するブロック

の3種類のブロックと，それらを結ぶ信号を表す矢印だけでブロック図表現することができる．信号を微分する要素 (微分要素) は現実には作れない．もし微分要素が必要であれば，その伝達関数はプロパではない．

入力した信号を k (定数) 倍する比例要素のブロック図，積分要素のブロック図を図 5.4 に示す．

これらの要素を用いて例えば

$$y(s) = \frac{b_1 s + b_0}{s^2 + a_1 s + a_0} u(s) \tag{5.1}$$

は図 5.5 のように表すことができる．図 5.5 は (3.8), (3.9) 式にもとづいている．(5.1) 式に対応する微分方程式は

$$x^{(2)}(t) + a_1 x^{(1)}(t) + a_0 x(t) = u(t) \tag{5.2}$$

$$y(t) = b_1 x^{(1)}(t) + b_0 x(t) \tag{5.3}$$

である．$x(s)$ と他の信号との関係を表すブロック図を比例要素，積分要素，加算点を使ってまず描き，次に $x(s)$ と $y(s)$ との関係を比例要素 b_0, b_1 を使って表せばよいことがわかる．一般的なシステムを表す (3.8), (3.9) 式のブロック線図も同様な方法で描くことができる．

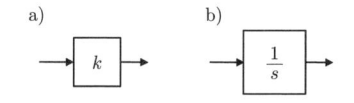

図 5.4 比例要素 a), 積分要素 b) のブロック図

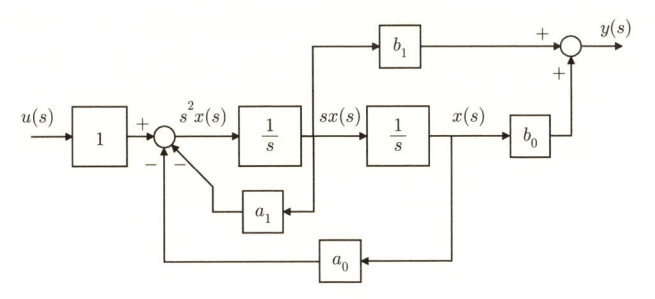

図 5.5　(5.1) 式のブロック図表現

5.2　ブロック図の等価変換

結合した二つののシステムを，まとめて一つの等価なブロック図に書き換えることができる．この書き換えを，ここでは等価変換と呼ぶことにする．以下に等価変換の例を示す．

[直列結合]　　$y(s) = G_2(s)G_1(s)u(s)$

は図 5.6 のように等価変換できる．

図 5.6　直列結合の等価変換

[並列結合]　　$y(s) = \{G_1(s) + G_2(s)\} u(s)$

は図 5.7 のように等価変換できる．

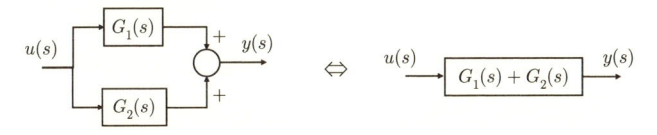

図 5.7　並列結合の等価変換

[フィードバック結合]
$$y(s) = \frac{G_1(s)}{1 + G_1(s)G_2(s)} u(s)$$

は図 5.8 のように等価変換できる．

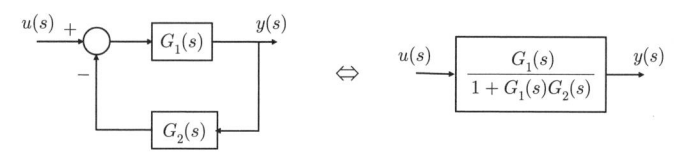

図 5.8　フィードバック結合の等価変換

[加算点の移動]　　$y(s) = G(s)\{u_1(s) + u_2(s)\}$

で表されるシステムは図 5.9 のように書き換えることができる．ただし，ここでは二つのシステムの初期値は同じと考えている．

図 5.9　加算点の移動

[伝達要素の移動]　　$y(s) = G_1(s)u_1(s) + G_2(s)u_2(s)$

で表されるシステムは図 5.10 のように書き換えることができる．ただし二つのシステムの初期値は同じで，G_2/G_1 はプロパと考えている．

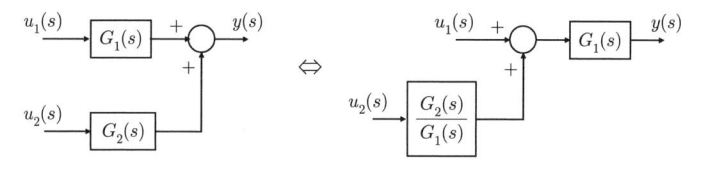

図 5.10　伝達要素の移動

5.3 物理的なシステム構造の表現

多くの場合，システムはより小さいサブシステムの集まりであり，サブシステムどうしが相互作用していると考えることができる．このような相互作用の様子をブロック図で表現することができる．以下に，直流電動機の例を示す．

直流電動機で，物体を回転させるシステムを考える．このシステムは，図5.11のように電気的なサブシステムと，機械的なサブシステムに分解して考えることができる．ここで，θ は電動機の回転角，i は電動機の端子電流，τ は電動機の軸トルク，d は軸にかかる外力によるトルク，v_s は電源電圧，v_r は逆起電力，R は電気子の直流抵抗，L はインダクタンス，J は軸回りの慣性モーメント，D は軸回りの粘性抵抗である．

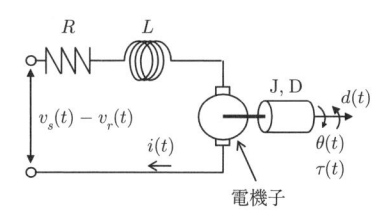

図 5.11　直流電動機

このシステムでは，電気的な変数である電流に比例したトルクが回転運動を引き起こし，一方，機械的な変数である電動機の回転速度に比例して逆起電力が発生し，電機子の端子間電圧を低下させ，回転運動を阻害する．すなわち，機械的な回転運動と電気系とが相互にフィードバック結合していると考えられる．

いま，電流について微分方程式をたてると

$$L\frac{d}{dt}i(t) + Ri(t) = v_s(t) - v_r(t)$$

$$v_r(t) = K\frac{d}{dt}\theta(t)$$

が得られる．K は逆起電力定数あるいはトルク定数[1]である．ラプラス変換すると

---

[1] SI単位系で表せば直流電動機の逆起電力定数とトルク定数は同じ値となる．

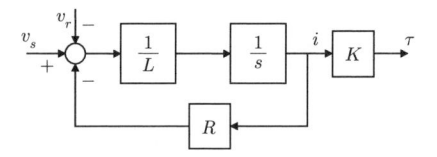

図 **5.12** 直流電動機の電気的サブシステム

$$\frac{i(s)}{v_s(s) - v_r(s)} = \frac{1}{Ls + R}$$
$$v_r(s) = Ks\theta(s)$$

を得る．これをブロック図で表現すると図 5.12 のように表せる．

次に回転運動に関して次の微分方程式が得られる．

$$J\frac{d^2}{dt^2}\theta(t) + D\frac{d}{dt}\theta(t) = \tau(t) - d(t)$$
$$\tau(t) = Ki(t)$$

上式をラプラス変換し

$$\frac{\theta(s)}{\tau(s) - d(s)} = \frac{1}{Js^2 + sD}$$
$$\tau(s) = Ki(s)$$

を得る．このブロック図は図 5.13 のように表せる．

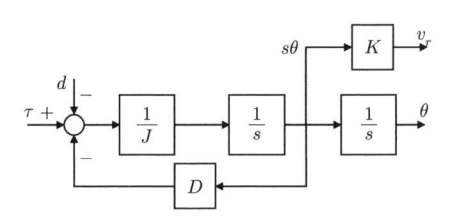

図 **5.13** 直流電動機の機械的サブシステム

直流電動機の二つのサブシステムを合わせると図 5.14 が得られる．この図では，電気的なサブシステムと機械的なサブシステムとは定数 K を介してフィードバック結合していることが示されている．

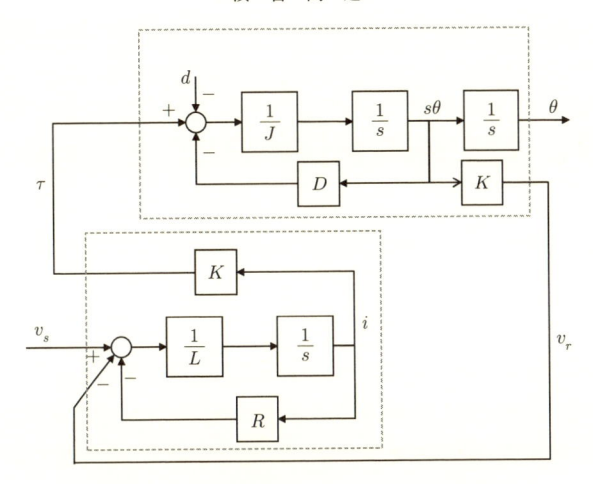

図 5.14　直流電動機のサブシステムによる表現

演習問題

5.1　図 5.13 のブロック図から，d から $s\theta$ までの伝達関数を計算せよ．

5.2　図 5.14 のブロック図から，d から $s\theta$ までの伝達関数を計算せよ．

5.3　伝達関数 $1/(s^2+5s+4)$ の入出力関係を，3 通りのブロック線図で表せ．ただし，ブロック線図に微分要素を用いてはならない．

6. 線形時不変システムの安定性

　入力がある一定値であるとき，出力も一定値に収束するシステムを安定なシステムと呼ぶ．人間が操作するシステムは安定なシステムであることが望ましい．例えば，平地で自動車のアクセルを一定に保てば，その車速は一定になる．システムの入力をアクセルの踏み込み量，出力を車速とすれば，このシステムは安定である．このシステムが不安定であれば，例えばアクセルの踏み込み量が一定であったとしても，車速は増加し続ける．人間にとって車速を一定に保つことは非常に困難であろう．本章では，線形時不変システムの安定性について述べる．

6.1 BIBO 安定性

　図 6.1 に示すように，システム G の入力 u の振幅が任意の定数 c_1 以下であるとき，出力 y の振幅も必ずある定数 c_2 以下，すなわち

$$\forall c_1, \ |u(t)| \leq c_1, \ \exists c_2, \ |y(t)| \leq c_2$$

であるとき，システム G は有界入力有界出力安定 (BIBO:bounded-input-bounded-output) 安定であるという．

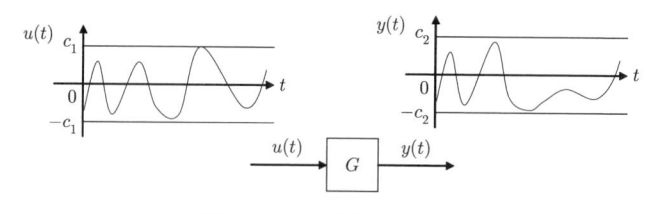

図 **6.1** BIBO 安定なシステム

システム G が線形時不変システムであるとき，G が BIBO 安定であることと以下は等価である.

- G のインパルス応答 g は絶対可積分である．すなわちある定数 c が存在し

$$\exists c, \quad \int_0^\infty |g(t)|dt < c$$

- G の伝達関数の極は，すべて複素左半平面に存在する．
- G に (11.19) 式の単位ステップ関数 h (134 ページ参照) を入力すると，出力は一定値に収束する．
- $t \geq 0$ において入力を 0 とすれば，出力は 0 に収束する．

以下に，上記の事項を説明する．

6.2 インパルス応答と BIBO 安定性

線形時不変システムでは，g が絶対可積分であることが BIBO 安定であることの必要十分条件であることを示す．u に対するシステムの応答は畳込み積分で

$$y(t) = \int_0^\infty g(\tau)u(t-\tau)d\tau$$

と表されることを利用する．

十分性： 上の畳込み積分より

$$|y(t)| \leq \int_0^\infty |g(\tau)||u(t-\tau)|d\tau$$

となる．いま，$|u| < c_1$ とすると

$$|y(t)| < c_1 \int_0^\infty |g(\tau)|d\tau$$

となる．g が絶対可積分であれば，上式より y は有界である．

必要性： 畳込み積分の式より，振幅が c_1 以下で y を最大化する入力は，次のように与えられる (図 6.2 参照).

$$u(t-\tau) = \begin{cases} -c_1, & g(\tau) < 0 \\ c_1, & g(\tau) \geq 0 \end{cases}$$

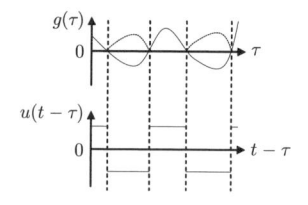

図 6.2 出力を最大化する有界な入力

このとき y は

$$y(t) = c_1 \int_0^\infty |g(\tau)| d\tau$$

と与えられる．したがって，y が有界となるには g が絶対可積分であることが必要である．

6.3 伝達関数と BIBO 安定性

線形時不変システム G の伝達関数が (4.2) 式

$$G(s) = \frac{b_m s^m + b_{m-1} s^{m-1} + \cdots + b_1 s + b_0}{s^n + a_{n-1} s^{n-1} + \cdots + a_1 s + a_0}$$

で表されるとする．システムの特性を表す伝達関数の極がすべて複素左半平面に存在することが，そのシステムは BIBO 安定であることの必要十分条件であることを示す．

(4.2) 式の特性多項式を因数分解すると，伝達関数は次のように表すことができる[*1)]

$$G(s) = \frac{b_m s^m + b_{m-1} s^{m-1} + \cdots + b_1 s + b_0}{(s+\lambda_1)^{l_1}(s+\lambda_2)^{l_2}\cdots(s+\lambda_p)^{l_p}}, \quad \sum_{i=1}^p l_i = n$$

上式の伝達関数は次のように部分分数の形で表すことができる (11.12.2 項参照)．

$$G(s) = \sum_{i=1}^p \sum_{q=1}^{l_i} \frac{\zeta_{iq}}{(s+\lambda_i)^q} \tag{6.1}$$

ここで $l_i\,(i=1,2,\cdots,p)$ は極 $s=-\lambda_p$ の位数，ζ_{iq} は適当な複素数である．

[*1)] 複素右半平面に極零相殺を持たないと仮定する．

さて，前節の結果からインパルス応答が絶対可積分であることは，BIBO 安定であることの必要十分条件であった．インパルス応答は伝達関数の逆ラプラス変換である．インパルス応答は (6.1) 式を項別に逆ラプラス変換して

$$g(t) = \sum_{i=1}^{p} \sum_{q=1}^{l_i} \zeta_{iq} \frac{t^{q-1}}{(q-1)!} e^{-\lambda_i t} \tag{6.2}$$

と表すことができる (11.11.3 項参照)．(6.2) 式に現れる

$$\zeta_{iq} \frac{t^{q-1}}{(q-1)!} e^{-\lambda_i t}$$

をモードと呼ぶ．g はモードの線形結合になっており，かつ，それぞれのモードは互いに独立であるため，g が絶対可積分であることはすべてのモードが絶対可積分であることと一致する．すべてのモードが絶対可積分であることは，極 $s = -\lambda_i$ がすべて複素左半平面に存在することと等価である (11.7 節参照)．

6.4 ステップ応答と BIBO 安定性

単位ステップ関数に対するシステムの応答をステップ応答という．ステップ応答は

$$y(s) = G(s)h(s)$$

と表される．ここで h は単位ステップ関数である．$L[h(t)] = 1/s$ であるから (6.1) 式を用いて

$$y(s) = \sum_{i=1}^{p} \sum_{q=1}^{l_i} \frac{\zeta_{ih}}{s(s+\lambda_i)^q} \tag{6.3}$$

を得る．上式の各項の有理関数は次のように書き直すことができる[*2)]．

$$\frac{1}{s(s+\lambda_i)^q} = \begin{cases} \dfrac{\lambda_i^{-q}}{s} - \dfrac{\lambda_i^{-1}}{(s+\lambda_i)^q}, & \lambda_i \neq 0 \\ \dfrac{1}{s^{q+1}}, & \lambda_i = 0 \end{cases}$$

[*2)] $H(s) = \frac{1}{s(s+\lambda_i)^q} = \frac{a}{s} + \frac{b}{(s+\lambda_i)^q}$ とおくと，
$a = sH(s)|_{s=0} = \frac{1}{\lambda_i^q}$, $b = (s+\lambda_i)^q H(s)|_{s=-\lambda_i} = -\frac{1}{\lambda_i}$ である．

そのラプラス逆変換は

$$L^{-1}\left[\frac{1}{s(s+\lambda_i)^q}\right] = \begin{cases} \lambda_i^{-q} - \lambda_i^{-1}\dfrac{t^{q-1}}{(q-1)!}e^{\lambda_i t}, & \lambda_i \neq 0 \\ \dfrac{1}{q!}t^q, & \lambda_i = 0 \end{cases}$$

となる．ステップ関数に対する応答は上式の線形結合であり，λ_i がすべて複素左半平面に存在すれば，上式の右辺はそれぞれ一定値 λ_i^{-q} に収束する．一方，λ_i が一つでも複素右半平面に存在すれば，対応する $t^{q-1}e^{\lambda_i t}$ が発散する．$t^{q-1}e^{\lambda_i t}$ $(q, i = 1, 2, \cdots)$ は互いに独立であるため，その一つが発散すれば，ステップ応答は発散する (11.7 節参照)．このように，λ_i がすべて複素左半平面に存在することはシステムが BIBO 安定であることの必要十分条件であり，ステップ応答が一定値に収束することと等価である．

■■ 演習問題 ■■

6.1 二つの BIBO 安定なシステムを直列に結合してできたシステムは BIBO 安定であることを示せ．

6.2 二つの BIBO 安定なシステムを並列に結合してできたシステムは BIBO 安定であることを示せ．

6.3 BIBO 安定でないシステムに BIBO 安定なシステムを直列に結合したシステムが BIBO 安定となる場合，および BIBO 安定とならない場合を挙げよ．

6.4 伝達関数の極がすべて複素左半平面に存在するとき，入力が $t \geq 0$ で 0 であれば，システムの初期値がどのようであっても，出力 $y(t)$ は 0 に収束することを示せ．

6.5 システムのインパルス応答 $g(t)$ を時間で積分すると，ステップ応答が得られることを示せ．

7. 線形時不変システムの周波数応答

7.1 周波数応答

安定な線形時不変システムには次のような特徴がある．正弦波

$$u_{\sin}(t) = \sin \omega t$$

を入力すると，出力は

$$y_\infty(t) = A(\omega) \sin\{\omega t + \phi(\omega)\}$$

に収束する．すなわち，$t \to \infty$ の極限をとると

- 出力は入力と同じ周波数 ω の正弦波である．
- この正弦波の振幅と位相とは入力の正弦波と一般に異なる．振幅と位相との違いは周波数 ω に依存する．
- システムの伝達関数を G とすると次の関係が成り立つ．

$$A(\omega) = |G(j\omega)| \tag{7.1}$$

$$\phi(\omega) = \angle G(j\omega) \tag{7.2}$$

ここで $G(j\omega) = |G(j\omega)|e^{j\angle G(j\omega)}$ と表されることを用いた．

以上の性質は次のように，微分方程式を解いて確かめることができる．一般的な線形時不変システムは (3.8), (3.9) 式を用いて

$$x^{(n)}(t) + a_{n-1}x^{(n-1)}(t) + \cdots + a_1 x^{(1)}(t) + a_0 x(t) = u(t)$$
$$y(t) = b_m x^{(m)}(t) + b_{m-1} x^{(m-1)}(t) + \cdots + b_1 x^{(1)} + b_0 x(t)$$

と表される. $\sin\omega t$ は $e^{j\omega t}$ の虚部である.

$$u(t) = e^{j\omega t}$$

とおいて x について解く. x は斉次解と特殊解の和で表される. まず, 斉次解はシステムが安定と仮定したので, $t \to \infty$ の極限では 0 である. 特殊解を

$$x(t) = Ae^{j\omega t}$$

とおくと

$$\left\{(j\omega)^n + a_{n-1}(j\omega)^{n-1} + \cdots + a_1(j\omega) + a_0\right\} Ae^{jw} = e^{j\omega t}$$

より

$$x(t) = \frac{1}{(j\omega)^n + a_{n-1}(j\omega)^{n-1} + \cdots + a_1(j\omega) + a_0} e^{j\omega t}$$

を得る. 上式より x の k 階時間微分は

$$x^{(k)}(t) = \frac{(j\omega)^k}{(j\omega)^n + a_{n-1}(j\omega)^{n-1} + \cdots + a_1(j\omega) + a_0} e^{j\omega t}$$

であるから

$$y(t) = \frac{b_m(j\omega)^m + b_{m-1}(j\omega)^{m-1} + \cdots + b_1(j\omega) + b_0}{(j\omega)^n + a_{n-1}(j\omega)^{n-1} + \cdots + a_1(j\omega) + a_0} e^{j\omega t}$$

となる. さらに

$$\frac{b_m(j\omega)^m + b_{m-1}(j\omega)^{m-1} + \cdots + b_1(j\omega) + b_0}{(j\omega)^n + a_{n-1}(j\omega)^{n-1} + \cdots + a_1(j\omega) + a_0} = G(j\omega)$$

であるから $G = |G|e^{j\angle G}$ を用いて

$$y(t) = |G(j\omega)|e^{j\{\omega t + \angle G(j\omega)\}} \tag{7.3}$$

を得る. 上式の虚部をとれば

$$y_\infty(t) = |G(j\omega)|\sin\{\omega t + \angle G(j\omega)\}$$

7.1 周波数応答

となり, (7.1) 式および (7.2) 式が導かれる. 入力を余弦波とする場合は, (7.3) 式の実部をとればよく, 振幅と位相とについて上式と同様な結果が得られる. 正弦波 $u_{\sin}$(あるいは余弦波) に対する y_∞ の関係をシステムの**周波数応答**という.

周波数応答を実際に測定する立場から見てみよう. 一例として, システムが

$$\frac{d}{dt}y(t) + y(t) = u(t), \quad y(0) = 0$$

と表される場合を考える.

$$u(t) = \begin{cases} 0, & t < 0 \\ \sin t, & t \geq 0 \end{cases}$$

とすると

$$y_\infty(t) = \frac{1}{\sqrt{2}} \sin\left(t - \frac{\pi}{4}\right)$$

を得る. 図 7.1 に, u, y および y_∞ を示す. 図より, 十分な時間 (この場合, 約 4 s) が経過すれば, y と y_∞ とは実用上一致するとみなせることがわかる. すなわち, この例では y_∞ とみなせる信号が入力開始から 4 s 以後に観測できることがわかる.

工学上の問題では, 入力 u は様々な周波数の正弦波および余弦波の線形和[*1)]で表されると考えられる. システムの出力は, 重ね合せの原理から入力に対応した正弦波および余弦波の線形和となる. すなわち, ω を変数とみなし, $G(j\omega)$

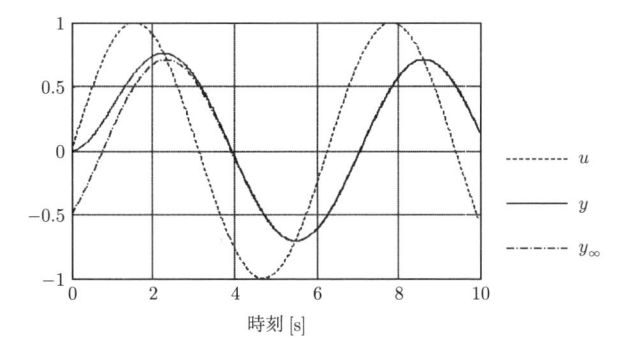

図 **7.1** $\dot{y} + y = u$ の正弦波に対する応答

[*1)] すなわち, 入力のフーリエ変換を考える.

を知れば，入力 u に対する出力 y を知ることができ，$G(j\omega)$ により線形時不変システムの特性を記述できることになる．あるいは $G(j\omega)$ から，入力に含まれるある周波数の正弦波あるいは余弦波成分の振幅と位相とが，システムを通過することでどのように変化するか知ることができる．

システムを安定であるとしたので，斉次解は初期値によらず $t \to \infty$ で 0 であるが，システムが不安定であれば斉次解は一般に発散することに注意されたい．ただし，(7.3) 式の導出の過程を見れば明らかなように，システムが不安定であっても，入力 $e^{j\omega t}$ に関する特殊解は安定なシステムの場合と全く同様に表される．

安定，不安定によらず，$G(s)$ に $s = j\omega$ を代入して得られる $G(j\omega)$ を**周波数伝達関数**と定義する．周波数伝達関数は，角周波数 ω の関数であると考える．$|G(j\omega)|$ を伝達関数のゲイン，$\angle G(j\omega)$ を位相 (差) という．

伝達関数 $G(s)$ の引数は，複素数 $s = c + j\omega$ としての意味を持つ．周波数伝達関数は伝達関数から $c = 0$ とおいて求めることができる．すなわち，周波数伝達関数は伝達関数の虚軸上の性質を表すと考えることができる．

伝達関数は，線形時不変システムを表す微分方程式をラプラス変換して得られ，微分方程式と 1 対 1 に対応するのであった．周波数伝達関数は伝達関数の変数 s を $j\omega$ と置き換えて得られ，伝達関数と 1 対 1 に対応する．すなわち，同じ線形時不変システムを表す微分方程式，伝達関数，周波数伝達関数は，互いに1 対 1 の対応関係がある．この 3 者は線形時不変システムの特性を表す異なった方法であり，同じシステムに関しては，本質的に同じことを表している．システムの性質を表すには，状況に応じて最もふさわしいものを選択すればよい．

$\omega = 0$ を周波数伝達関数に代入した $G(0)$，すなわち b_0/a_0 を**定常ゲイン**という．システムが安定な場合，定常ゲインは周波数 0，すなわち入力信号の直流成分に対する出力成分である．安定な線形時不変システムの単位ステップ関数に対する応答は，定常ゲインの値に収束する．

線形時不変システムのステップ応答はある値に収束することを前に述べた．このシステムを (3.8)，(3.9) 式で表すと，$t \to \infty$ の極限において $x^{(k)} = 0\,(k = 1, 2, \cdots n)$，$y^{(\ell)} = 0\,(\ell = 1, 2, \cdots, m)$ より

$$\lim_{t \to \infty} x(t) = \frac{1}{a_0}, \quad \lim_{t \to \infty} y(t) = \frac{b_0}{a_0}$$

であることが確かめられる.

あるいは,単位ステップ関数に対する応答は,$y = G/s$ と表される.システムが安定であれば,最終値の定理 (137 ページ参照) より同様な結果

$$\lim_{t \to \infty} y(t) = \lim_{s \to 0} s \frac{G(s)}{s} = G(0)$$

が得られる.

7.2 ボーデ線図

周波数伝達関数 G の図示法の一つとしてボーデ線図 (Bode plot) がある.ボーデ線図では

- $|G|$ と $\angle G$ とをそれぞれ上下 2 段の二つのグラフで表す.慣例として $|G|$ を上段,$\angle G$ を下段とする.
- 横軸は角周波数 ω とする.対数目盛を用いることが多い.
- 慣例として,$|G|$ はデシベル表示を用いる.$|G|$ のデシベル表示は $20 \log |G|$ である.デシベル表示であることは 記号 dB で表す.

デシベル表示を用いる利点として,二つの伝達関数の積が,ボーデ線図上では,和の形で表されることが挙げられる.二つの線形時不変システム G_1 と G_2 とを直列結合したシステムの伝達関数を

$$G(j\omega) = G_2(j\omega) G_1(j\omega)$$

とすると

$$|G(j\omega)| = |G_2(j\omega)||G_1(j\omega)|, \quad \angle G(j\omega) = \angle G_2(j\omega) + \angle G_1(j\omega)$$

となる.$|G|$ のデシベル表示は,定義より

$$|G(j\omega)| \text{ dB} = |G_1(j\omega)| \text{ dB} + |G_2(j\omega)| \text{ dB}$$

となる.

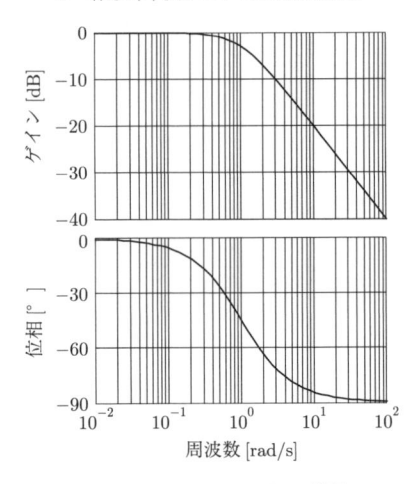

図 7.2 $1/(s+1)$ のボーデ線図

一例として，図 7.2 に $1/(s+1)$ のボーデ線図を示す．図 7.1 と対比すると，周波数 1[rad/s] の周波数応答はゲインが $-20\log\sqrt{2}$[dB] であり，位相が 45[°] 遅れることがわかる．

7.3 ベクトル軌跡

周波数伝達関数の図示法の一つにベクトル軌跡がある．
- ω を $[0,\infty)$ の区間で変化させたとき，$G(j\omega)$ が複素平面上に描く軌跡がベクトル軌跡である．
- $G(j\omega)$ を $s=0$ を始点とする複素平面上のベクトルとみなすと，ゲイン $|G(j\omega)|$ は，周波数 ω に対応したベクトルの長さ，位相 $\angle G(j\omega)$ は実軸と $G(j\omega)$ がなす角である．
- 軌跡上に矢印をつけ，ω が増加したとき，軌跡がどちらに動くかを示す．
- 特定の周波数での $G(j\omega)$ の位置を明示する場合は，図 7.3 に示すように，相当する軌跡上の点に周波数を書き込む．

図 7.3 に $1/(s+1)$ のベクトル軌跡を示す．簡単な計算から，$1/(j\omega+1)$ は複素平面上で $s=1/2$ を中心とする半円を描くことがわかる．

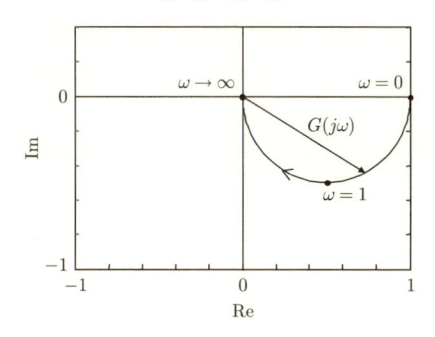

図 7.3　$1/(s+1)$ のベクトル軌跡

■■　　　　　　　　　　**演習問題**　　　　　　　　　　■■

7.1　伝達関数の相対次数が m であるとする．ボーデ線図にゲイン特性を表示すると，周波数が高くなるにつれ，ゲイン特性の傾斜は m 傾斜となることを示せ．

7.2　あるシステムの特性が伝達関数 $G(s)$ で表されるとする．このシステムのステップ応答の最終値が $G(0)$ の値のみから計算できないのは，どのような場合か挙げよ．

7.3　$1/(s+1)$ とゲイン特性は同じで，位相特性が異なる伝達関数を，1 次の伝達関数の中から挙げよ．

7.4　ある伝達関数が，虚軸上に零点を持つ．この伝達関数の周波数特性は，この零点のためにどのような性質を示すか考察せよ．

8. 代表的なシステムの応答特性

代表的なシステムあるいは伝達要素の周波数応答,ステップ応答を関連付ける.

8.1　1次遅れ系 (1次遅れ要素)

1次遅れ系と同じ特性を持つ伝達要素を1次遅れ要素とも呼ぶ. 1次遅れ系の伝達関数は一般に次のように表される.

$$\frac{b}{s+a} \tag{8.1}$$

ここで, a, b は実数である.

8.1.1　ステップ応答

入力を単位ステップ関数 $1/s$ とすると,出力は $y = b/\{s(s+a)\}$ と表される. ラプラス逆変換 (132 ページ参照) より,ステップ応答は時間関数で

$$y(t) = \frac{b}{a}(1 - e^{-at}) \tag{8.2}$$

と表される. $a > 0$ であれば

$$\lim_{t \to \infty} y(t) = \frac{b}{a}$$

である. 上式は最終値の定理 (137 ページ参照) より[*1)]

$$\lim_{t \to \infty} y(t) = \lim_{s \to 0} s \frac{b}{s+a} \frac{1}{s} = \frac{b}{a}$$

[*1)] もし $a \leq 0$ であれば最終値の定理は用いることができない.

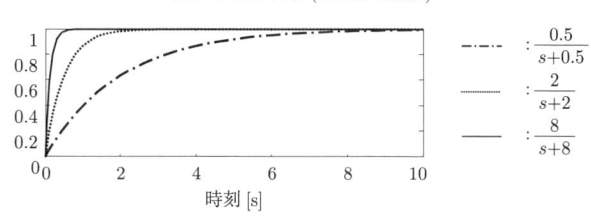

と求めることもできる．

(8.2) 式において，$t = 1/a$ のとき右辺の指数関数の項は自然対数の底 e となる．このとき $y(1/a)$ は約 $0.632b/a$ となる．$1/a$ は $y(t)$ の収束の速さを示す指標となるので**時定数**と呼ぶ．時定数の異なる 1 次遅れ系のステップ応答を図 8.1 に示す．

8.1.2 周波数応答

1 次遅れ系の周波数伝達関数は

$$\frac{b}{j\omega + a}$$

である．ω を a で規格化し，$\Omega = \omega/a$ とおくと，1 次遅れ系はの周波数伝達関数は

$$G(j\Omega) = \frac{b}{a}\frac{1}{j\Omega + 1}$$

である．$\Omega = 0$ とおき，入力が直流であるときの周波数応答を考えると

$$G(0) = \frac{b}{a}$$

である．$\omega = 0$ に対する周波数応答は，ステップ応答の最終値となっていることがわかる．また

$$\lim_{\Omega \to \infty} G(j\Omega) = 0$$

である．1 次遅れ系は，入力の周波数が高くなるほど出力の振幅が小さくなることがわかる．

$b/a = 1$ とおくと，$G(j\Omega)$ のボーデ線図は図 8.2 となる．

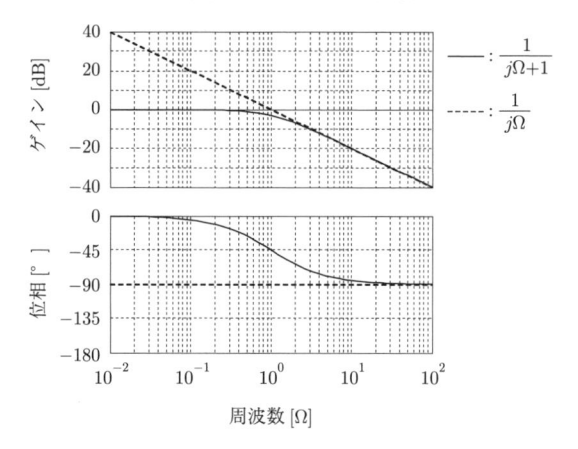

図 8.2　1 次遅れ系のボーデ線図

- 位相は $\Omega = 1$ のとき $-45°$ 回転し，$\Omega \to \infty$ の極限で $-90°$ に収束する．
- ゲインは Ω に対して単調に減少し，$\Omega = 1$ のとき約 $-3[\mathrm{dB}]$ となる．

$a = 0, b = 1$ の 1 次遅れ系は，積分要素 $1/s$ である．積分要素は

- ゲインは周波数が 10 倍になるたびに $-20[\mathrm{dB}]$ で減衰する．
- 位相はすべての周波数で一定値，$-90°$ である．

周波数が 10 倍になるたびにゲインが $-20m[\mathrm{dB}]$ 減衰する特性を m 傾斜と呼ぶ．積分要素は，$m = 1$ なので 1 傾斜である．$a \neq 0$ の 1 次遅れ系の周波数応答は，Ω が大きくなるほど積分要素 b/s の特性に漸近する．高周波帯域では，1 次遅れ系のゲインは 1 傾斜で減衰すると近似できる．

8.2　2 次 振 動 系

定常ゲイン 1 の 2 次振動系

$$\frac{a_0}{s^2 + a_1 s + a_0}$$

の応答を考える．$a_0 > 0$ を仮定し，上式を次のように書き直す．

$$\frac{\omega_n^2}{s^2 + 2\zeta\omega_n s + \omega_n^2} \tag{8.3}$$

ここで，$\omega_n^2 = a_0, \zeta = a_1/2\omega_n$．特に，$a_1 \geq 0, a_0 \geq 0$ のとき，ζ を減衰率，

ω_n を自然周波数[*2)]と呼ぶ.

8.2.1 ステップ応答

$\omega_n = 1\,\mathrm{rad/s}$ とおくと,(8.3) 式で表されるシステムのステップ応答は図 8.3 のようになる.ステップ応答は,

- 定常ゲインの値 1 に収束する.
- $\zeta < 1$ のとき振動的となる.ζ が小さくなるほど振動の振幅が大きくなり,減衰に時間を要する.
- $\zeta \geq 1$ とすると,時間の経過にともない単調に増加する.ζ が大きくなるほど緩やかに収束する.

2 次振動系によらず,ステップ応答が定常ゲインの値より一時的に大きい値をとることをオーバーシュートする,あるいは行き過ぎるという.オーバーシュートするシステムをアンダーダンピングなシステムという.一方,オーバーシュートしないシステムをオーバーダンピングなシステムという.

2 次振動系では,ζ が 1 を超えるとオーバーシュートが起こらない.$\zeta = 1$ のとき,2 次振動系は**臨界制動**であるという.

時間 t を自然周波数で規格化した $\tau = t/\omega_n$ を横軸にとれば,ω_n によらず図 8.3 と同じ波形が得られることに注意されたい.

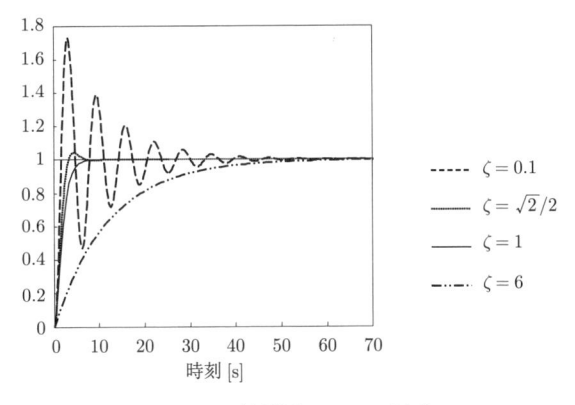

図 **8.3** 2 次振動系のステップ応答

[*2)] 非減衰固有周波数ともいう.

8.2.2 周波数応答

周波数を自然周波数で規格化し，$\Omega = \omega/\omega_n$ を用いると，この 2 次振動系の周波数伝達関数は次のように表される[*3]．

$$\frac{1}{(j\Omega^2) + 2j\zeta\Omega + 1} \tag{8.4}$$

上式のボーデ線図を図 8.4 に示す．2 次振動系のゲインと位相は次のような特徴を持つ．

- $\zeta < \sqrt{2}/2$ の場合，共振周波数が存在し，ゲインは周波数の増加にともなって増加して $\Omega = 1$ 付近で最大値をとる．ζ の増加にともない，ゲインの最大値は低下する．
- $\zeta \geq \sqrt{2}/2$ の場合，ゲインは周波数に対して単調に減少する．
- 位相は，周波数に対して減少するが，ζ の値によらず，$\Omega = 1$ で $-90°$ となる．
- $\Omega \to \infty$ においてゲインは 0，位相は $-180°$ に収束する．

2 次振動系のゲインは，$\Omega \gg 1$ のとき，周波数が 10 倍になるたびに約 40[dB] 低下する．周波数が 10 倍になるたびに 40[dB] 低下するので **2 傾斜**である．

図 8.5 に (8.4) 式のシステムのベクトル軌跡を示す．ベクトル軌跡は

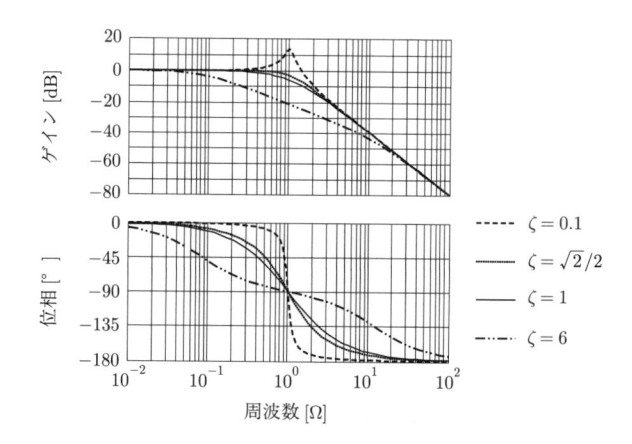

図 **8.4** 2 次振動系のボーデ線図

[*3] 時間を自然周波数で規格化したことに対応する．

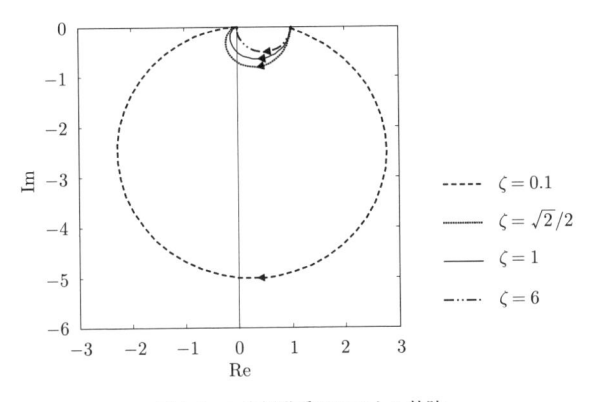

図 8.5 2 次振動系のベクトル軌跡

- $\Omega = 0$ で $s = 1$ から出発し，$\Omega \to \infty$ において $s = 0$ に収束する．
- 位相は，ζ の値によらず周波数の増加にともない $-90°$ 以下の値をとるので，複素平面の第3象限を通る．
- ζ が小さくなるほどゲインの最大値は大きくなるため，原点から離れた点を通る．

8.2.3 極と応答

2 次振動系の極と応答との関係を関連付ける．2 次振動系の特性多項式は

$$s^2 + 2\zeta\omega_n s + \omega_n^2 = 0$$

であるから，極を $s = -\lambda_1$，$s = -\lambda_2$ とおくと

$$2\zeta\omega_n = \lambda_1 + \lambda_2, \quad \omega_n^2 = \lambda_1\lambda_2$$

である．ζ を 0 から増加させ，極を複素平面上にプロットすると図 8.6 を得る．

- $\zeta = 0$ のとき，極は $s = \pm j\omega_n$ である．
- ζ を 0 から増加させると，極は原点を中心とする半径 ω_n の円上を実軸に向かって移動する．$\zeta = \sqrt{2}/2$ のとき，極は原点から $\pm 135°$ の位置にある．
- $\zeta = 1$ のとき，特性方程式は重根を持ち，極は $s = -\omega_n, -\omega_n$ となる．
- $\zeta > 1$ のとき，ζ の増加にともない，極の一つは実軸上を原点へ，もう片方の極は負の無限遠点へ向かう．

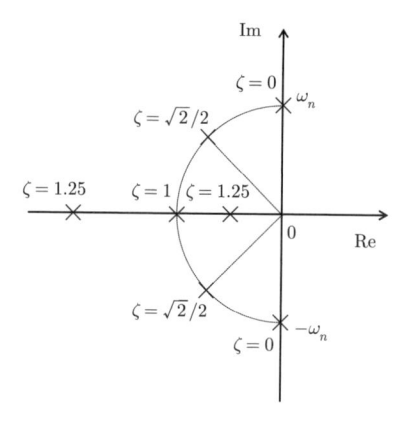

図 8.6　極と減衰率

8.3　むだ時間要素

むだ時間要素の伝達関数は

$$e^{-\tau s}, \quad \tau > 0$$

と表される．ここで τ はむだ時間である．図 8.7 にむだ時間要素と，そのパデ近似 (4.2.5 項参照)

$$G_1(s) = \frac{-(\tau/2)s + 1}{(\tau/2)s + 1}$$

$$G_2(s) = \frac{(\tau s)^2 - 6\tau s + 12}{(\tau s)^2 + 6\tau s + 12}$$

のボーデ線図を示す．
- むだ時間要素は周波数によらずゲインは 1 である．
- むだ時間要素の位相は，周波数に対して単調に減少する．
- パデ近似は周波数が高くなるほど，むだ時間要素より位相の遅れが少なくなる．

図 8.8 に，むだ時間要素，その 1 次のパデ近似，2 次のパデ近似のステップ応答を示す．パデ近似の応答は，初期に負の値を示すことが特徴的である．ステップ応答が初期に負の値になることを逆応答という．逆応答は，パデ近似の

8.3 むだ時間要素

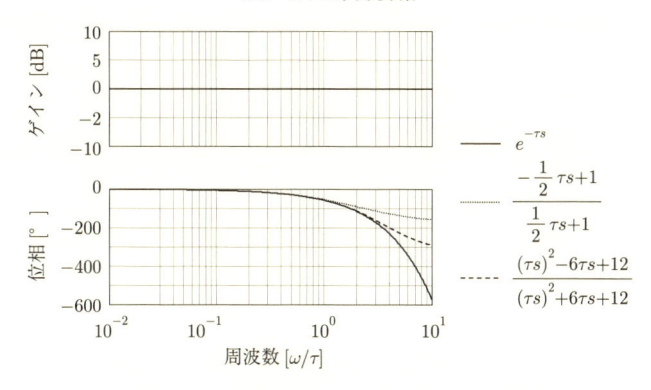

図 8.7 むだ時間要素とそのパデ近似のボード線図

分子多項式に負の係数が存在するために生じる．例えば 1 次のパデ近似は，微分方程式で表すと

$$\dot{x}(t) = -\frac{2}{\tau}x(t) + \frac{2}{\tau}u(t)$$
$$y(t) = 2x(t) - u(t)$$

となる．式中で y の右辺を考えよう．u がステップ関数であるとき，x は $t=0$ において 0 であり，u に対して遅れて発生するが，一方で $-u$ の項は u に対して遅れがなく，しかも符号が u と逆なので，逆応答が発生することがわかる．

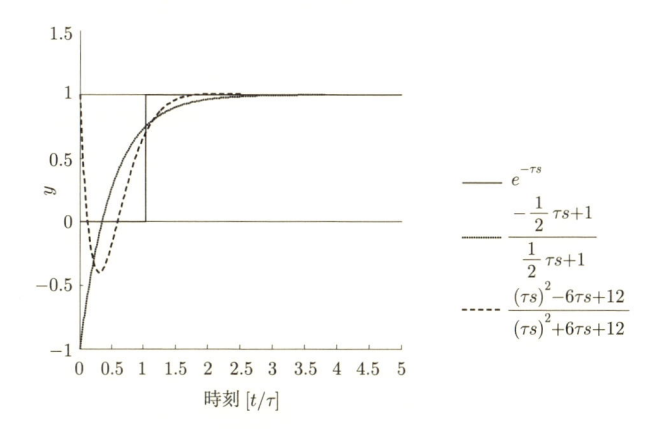

図 8.8 むだ時間要素とそのパデ近似のステップ応答

8.4 定常特性と過渡特性

一般に，システムの出力が，入力の変化や初期値の影響により変動している状態を**過渡状態**という．システムの入力が一定値となり，初期値の影響が収束し，出力が一定値に収束した状態を**定常状態**という．過渡状態あるいは定常状態でのシステムの特性をそれぞれ**過渡特性**，**定常特性**という．

- ステップ応答やインパルス応答の初期の部分は過渡状態であり，システムの過渡特性を表している．
- 時間が経過し，ステップ応答に変化が見られなくなった状態は定常状態であり，システムの定常特性が現れている．
- 安定な伝達関数の定常ゲインは，ステップ応答が収束する値であり，システムの定常特性を表す．
- 伝達関数の極は，ステップ応答やインパルス応答の初期の部分の振幅や，収束するまでの時間に深く関係するので，過渡特性を表している．

演習問題

8.1 $G(s) = 1000/(s+1000) + 1/(s+1)$ を考える．
(a) この周波数特性は，入力が含む周波数帯域が低周波に偏っているとき，$1 + 1/(s+1)$ で近似できることを示せ．
(b) ステップ応答は，時間のスケールを秒単位で考えれば，$1 + 1/(s+1)$ のステップ応答で近似できることを示せ．
(c) 以上の結果を踏まえ，伝達関数を定数で近似してよいのはどのような場合かを考察せよ．

8.2 むだ時間要素は線形システムであることを示せ．

9. フィードバック系と安定性

9.1 フィードバックの効果

制御系を構成する目的は，制御対象の出力をある**目標値**と一致させること，あるいは完全に一致させるまではいかなくとも，出力と目標値との誤差をある範囲内に収めることである．出力と目標値との誤差を**制御誤差**という．また，制御する制御対象の出力を**制御量**という．制御するために調節する制御対象の入力を**操作量**という．

フィードバック系を構成する目的は，以下のようなものである場合が多い．
- 制御対象が不安定なシステムであるとき，フィードバック制御により安定化する．
- 制御対象が安定なシステムであっても，応答が遅い場合，応答を速める．
- 制御量が予測不可能な外乱に影響を受けても，制御誤差が自動的に小さな値に収まるようにする．

具体的な例として，制御対象のブロック図が，図 9.1 で表される場合を考える．y は制御量，u は操作量，d は外乱である．y は計測可能であるが，d は計測が不可能で，あらかじめ予測することもできないとする．いま，y は次のように表すことができる．

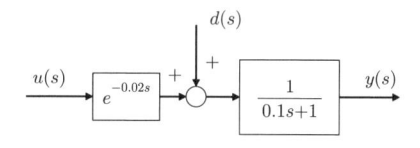

図 9.1 ある制御対象

$$y(s) = \frac{1}{0.1s+1}\left\{e^{-0.02s}u(s) + d(s)\right\}$$

制御の目的は y を可能な限り 1 に近付けることであるとする．いま，制御対象は安定なシステムであり，操作量から制御量までの定常ゲインは 1 である．制御量を 1 とするには $u = 1$ とすることが考えられる．このように，制御対象の特性から操作量を決める制御方式をフィードフォワード制御，あるいは開ループ制御という．開ループ制御の結果を図 9.2 に示す．時刻 $t \geq 0$ において $u = 1$ とすると，y はむだ時間 0.02[s] ののち，時定数 0.1[s] で漸近的に 1 へ収束していく．しかし，0.5 の値の外乱 d が時刻 $t = 1$[s] に発生すると，y は 1.5 へ収束してしまう．外乱が発生しても操作量を調整する仕組みがないため，開ループ制御では外乱の影響がそのまま応答に現れる．

そこで，フィードバック制御を導入する．操作量を次のように発生してみる．

$$e(s) = r_c(s) - y(s)$$
$$u(s) = ke(s)$$

ここで，r_c は補正された目標値，k はフィードバックゲインである．いま，k

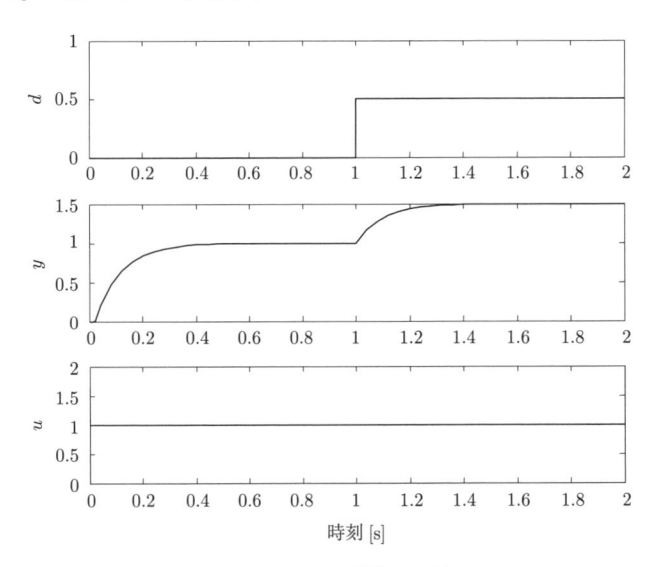

図 9.2 開ループ制御の一例

は定数とする．フィードバックゲインが定数である制御を比例制御という．r_c から y への伝達関数は

$$\frac{ke^{-0.02s}}{0.1s + ke^{-0.02s} + 1} \tag{9.1}$$

であり，定常ゲインは

$$\frac{k}{1+k}$$

となる．もし r_c が一定値であったとすると，

$$\lim_{t \to \infty} y(t) = \frac{k}{1+k} r_c$$

となり，$d = 0$ であったとしても，定常状態で r_c と y とは一致しない．そこで，目標値 r から r_c を

$$r_c = K_f r(s)$$
$$K_f = \frac{1+k}{k}$$

と発生する．r_c は一種の開ループ制御で発生されたことになる．このように r_c を補正しておけば，r から y への定常ゲインは 1 となる．このフィードバック制御系のブロック図を図 9.3 に示す．図中で点線で囲った部分がコントローラであると考えることができる．特に入出力関係

$$u(s) = k\{r_c(s) - y(s)\}$$

で表される部分は，制御量 y の値に応じて操作量を調節しているので，フィードバックコントローラである．

この制御系の外乱に対する応答を考えよう．外乱から制御量への伝達関数は

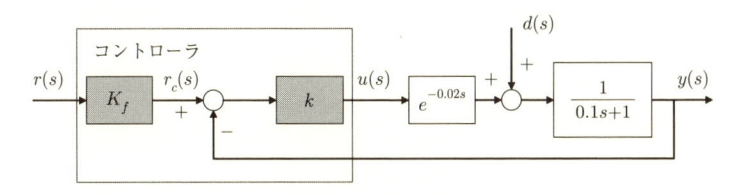

図 9.3 比例制御系

$$\frac{1}{0.1s + ke^{-0.02s} + 1}$$

である.この定常ゲインは

$$\frac{1}{k+1}$$

である.外乱から制御量への定常ゲインは k を大きくするほど小さくなる.定常ゲインが小さくなるので,一見,k を大きくすればするほど,外乱の影響を小さくできそうに見える.

k を変化させた制御系の応答を図 9.4 に示す.ここで,r はステップ関数とした.

- $k = 2.5$ とすると,y は開ループ制御の場合に比べ短い時間で目標値に収束している.また,制御量に現れる外乱の影響も少なくなっていることがわかる.
- $k = 5$ とすると,外乱の影響は $k = 2.5$ の場合に比べ小さくなるが,初期に大きなオーバーシュートが生じている.操作量も初期に振幅が大きくなっ

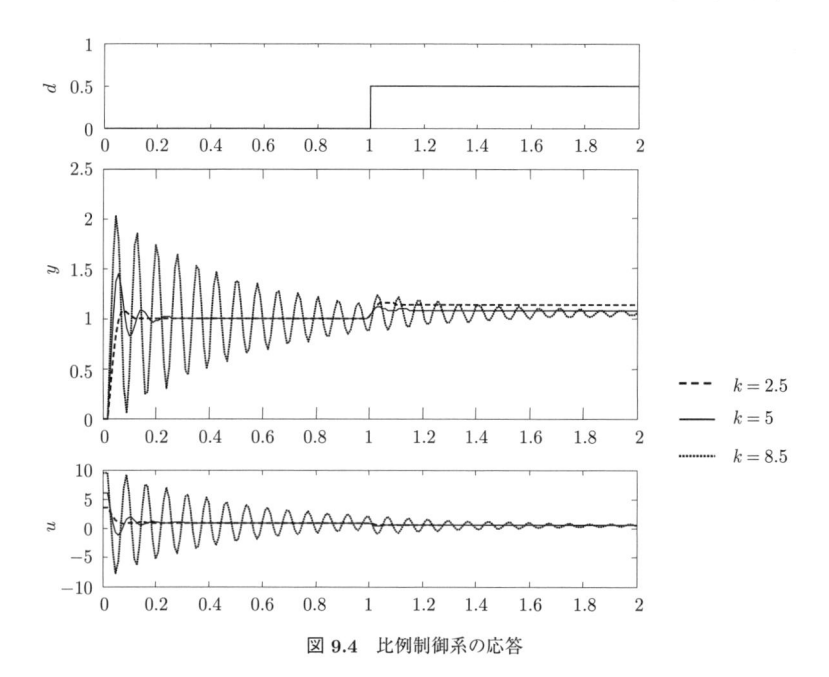

図 **9.4** 比例制御系の応答

- $k = 8.5$ とすると，制御量，操作量ともに振動的であり，収束が悪化していることがわかる．

以上の結果より，開ループ制御に比較して，フィードバック制御は応答性の向上や，外乱の影響を少なくする効果があることが確認できた．しかし，フィードバックゲインを大きくしすぎると，よい結果は得られなかった．実は，後に述べる安定解析法を用いると，フィードバックゲインが 8.5 を超えるとフィードバック制御系は不安定になることがわかる．

比例制御ではフィードバックゲインを定数とした．フィードバックゲインを位相の進みや遅れを持つ，より一般的な伝達要素に置き換えれば，フィードバック制御系の性能をさらに改良できる可能性がある．以下ではフィードバック制御系の安定性の解析法と，制御の改良について述べる．

9.2　フィードバック系の安定性

フィードバックコントローラと制御対象とは，一般に閉ループ系をなしている．目標値を入力，制御量を出力とみなせば，フィードバック制御系は BIBO 安定であることが望ましい．ところが前章の例から明らかなように，フィードバックコントローラと制御対象がともに安定なシステムであっても[*1)]，フィードバック制御系は安定であるとは限らない．一方，制御対象が不安定なシステムであっても，フィードバック制御系は安定でありうる．この章では特にフィードバックコントローラと制御対象を区別せず，図 9.5 に示す二つのシステム G_1 と G_2 とが構成する閉ループ系の安定性の判別について考える．G_1 をフィードバックコントローラ，G_2 を制御対象とみなすと，z は目標値，y は制御量，u は操作量，w は外乱である．ここでは，二つのシステムはともに 1 入力 1 出力

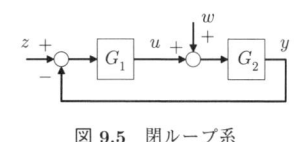

図 9.5　閉ループ系

[*1)]　前章でフィードバックコントローラとした比例ゲインは，システムとしてみれば安定なシステムである．

の線形時不変系であると仮定する．z, w は閉ループ系の外から加わる信号，u と y とはそれぞれシステム G_1, G_2 の出力である．z, w, u, y はすべてスカラ信号とする．

9.2.1　ナイキストの安定判別

図9.5の z を入力，y を出力とするシステムの安定性を考える．

G_1, G_2 の伝達関数をそれぞれ $G_1(s)$, $G_2(s)$ とする．$G_2(s)G_1(s)$ はプロパと仮定する．z と y との関係は

$$y(s) = \frac{G_2(s)G_1(s)}{1 + G_2(s)G_1(s)} z(s) \tag{9.2}$$

である．すなわち，伝達関数 $G_2G_1/(1+G_2G_1)$ の極がすべて複素左半平面に存在すればこのシステムは BIBO 安定である．G_1, G_2 を次のようにそれぞれの分子 b_1, b_2, 分母 a_1, a_2 で表す．

$$G_1(s) = \frac{b_1(s)}{a_1(s)}, \quad G_2(s) = \frac{b_2(s)}{a_2(s)}$$

z から y への伝達関数は

$$\frac{G_2(s)G_1(s)}{1 + G_2(s)G_1(s)} = \frac{b_1(s)b_2(s)}{a_1(s)a_2(s) + b_1(s)b_2(s)}$$

と表される．この伝達関数の極は

$$a_1(s)a_2(s) + b_1(s)b_2(s) = 0$$

の根である．システムの安定性を判別するには極を数値計算すればよい．ところが，例えば (9.1) 式はむだ時間要素を含むため，極は無限個存在し，そのすべての極を数値計算で求めることは不可能である．次に述べるナイキストの安定判別法を用いれば，このシステムの極を直接的に計算せずとも安定性を判別することができる．

さて，

$$1 + G_2(s)G_1(s) = \frac{a_1(s)a_2(s) + b_1(s)b_2(s)}{a_1(s)a_2(s)}$$

の零点は $G_2G_1/(1+G_2G_1)$ の極に一致し,極は G_2G_1 の極に一致している. $1+G_2G_1$ の零点の位置を調べれば $G_2G_1/(1+G_2G_1)$ の安定性が判別できる. 次に述べるナイキスト経路と**偏角の原理** (11.1.4 項) を用いて $1+G_2G_1$ の零点が複素右半平面に存在するかどうかを調べる.

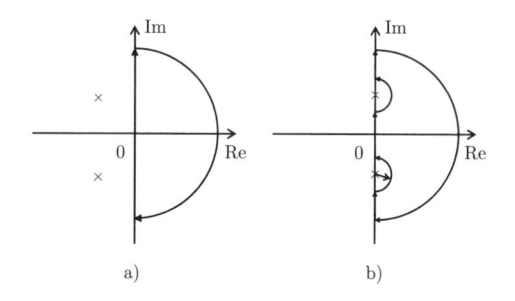

ナイキスト経路とナイキスト軌跡: 複素平面上の,原点を中心とし,虚軸上を通る半径 r の半円状の径路を考える (図 9.6a)). G_2G_1 が虚軸上に極を持つ場合は,その極の近傍で半円の直線部分を複素右半平面側に微小にくぼませ,極を避ける迂回路を設ける (図 9.6b)). $1+G_1G_2$ の複素右半平面の零点を経路がすべて囲うように,r を十分大きくとる.こうしてできた経路をナイキスト経路という.

- 複素右半平面に $1+G_2G_1$ の零点が存在するならば,ナイキスト経路はその零点をすべて囲っている.
- G_2G_1 の極が虚軸上 $s=\pm j\omega_z$ に存在する場合を考える.この極は $a_1a_2=0$ の根である.したがって,もし $s=\pm j\omega_z$ に $1+G_2G_1$ の零点が存在するなら,$b_1(\pm j\omega_z)b_2(\pm j\omega_z)=0$ であり,$s=\pm j\omega_z$ において G_2G_1 には極零相殺があることになる[*2].すなわち,G_2G_1 に虚軸上において極零相殺がないならば,G_2G_1 の極がナイキスト経路の外側 $s=\pm j\omega_z$ に存在しても $1+G_2G_1$ の零点は $s=\pm j\omega_z$ に存在しない.

図 9.6 ナイキスト経路
a) は虚軸上に極がない場合のナイキスト経路.虚軸上に極がある場合は b) のように複素右半平面側に極を迂回した経路をとる.

[*2] $b_1(\pm j\omega_z)b_2(\pm j\omega_z)=0$ で,かつ $a_1(\pm j\omega_z)a_2(\pm j\omega_z)+b_1(\pm j\omega_z)b_2(\pm j\omega_z)=0$ とすると $a_1(\pm j\omega_z)a_2(\pm j\omega_z)=0$ であり,$b_1b_2=0$ と $a_1a_2=0$ とは $s=\pm j\omega_z$ に共通の根を持つ.

- G_2G_1 は $s \to \infty$ の極限で一定値に収束すると仮定する*3).
- 複素右半平面上に $1+G_2G_1$ の極が存在するならば，ナイキスト経路はその極をすべて囲っている．
- $1+G_2G_1$ は極以外の点で正則である．

以上より，次のナイキストの安定判別法が可能である．

ナイキストの安定判別法： s がナイキスト経路上を一周したときに伝達関数 $G(s)$ の値が複素平面上をたどる軌跡を $G(s)$ の**ナイキスト軌跡**という．ナイキスト軌跡のプロットを**ナイキスト線図**という．伝達関数 G_2G_1 に極零相殺はなく，かつ，G_2G_1 はナイキスト経路上で正則と仮定する．

ナイキスト経路に囲われる $1+G_2G_1$ の極 (G_2G_1 の極) の数を P 個，零点 ($G_2G_1/\{1+G_2G_1\}$ の極) の数を Z とする．s がナイキスト経路上を一周する間に，$1+G_2G_1$ のナイキスト軌跡が原点周りに回転した回数を R 回とする．偏角の原理より

$$R = P - Z$$

である．$G_2G_1/(1+G_2G_1)$ が複素右半平面に極を持たないことの必要十分条件は $Z=0$ つまり $R=P$ となることである．言い換えると，$1+G_2G_1$ のナイキスト軌跡が，原点を中心に反時計回りに回転する回数が P であることである．

以上に述べたナイキストの安定判別法を以下のように，より使いやすく修正する．G_2G_1 を図 9.5 の閉ループ系の**一巡伝達関数**，あるいは**開ループ伝達関数**と呼ぶ．記号を簡略化するため一巡伝達関数を $L=G_2G_1$ とする．$1+G_2G_1$ のナイキスト軌跡を複素平面上で -1 ずらすと L のナイキスト軌跡となる．あわせて，座標軸を $s=0$ が $s=-1$ となるようにとりなおせば，原点に相当していた点は $s=-1$ である (図 9.7)．

L を使ってナイキストの安定判別法を言い換える．s がナイキスト経路上を一周する間に，L のナイキスト線図が $s=-1$ 周りに回転した回数を R 回とする．$G_2G_1/(1+G_2G_1)$ が複素右半平面に極を持たないことの必要十分条件は $R=P$ となることである．

---

*3) 例えば，$\lim_{s \to \infty} e^{-0.5s}(s+1)/(s^2+1) = 0$ となる．制御工学上の問題で G_2G_1 は強プロパであることがほとんどであり，強プロパな伝達関数の値は $s \to \infty$ の極限で 0 となる．

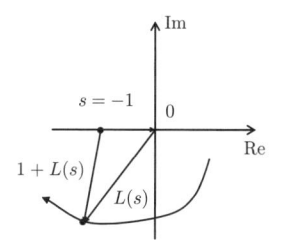

図 9.7 一巡伝達関数によるナイキストの安定判別

ナイキスト経路は，半径 r の円弧上，虚軸上，虚軸上の L の極を避ける迂回路の部分からなる．それぞれの部分に対応するナイキスト軌跡の安定判別への影響を吟味する．

まず，L はプロパであると仮定したので，$s \to \infty$ の極限で L の値は定数に収束する．実際，制御工学上の問題では，L は強プロパな伝達関数や，強プロパな伝達関数にむだ時間をかけた形であることがほとんどである．これらの場合，$\lim_{s \to \infty} L = 0$ であり，ナイキスト経路上の半径 r の円弧部分で L は 0 と近似できる．

次に，$G_1 G_2$ が虚軸上に極を持つ場合に設けた迂回路上でのナイキスト軌跡について考える．迂回路は L の極の近傍に設けられるので，迂回路上では $|L(s)| \gg 1$ であると考えられる．安定判別に必要な情報は，L のナイキスト軌跡の $s = -1$ 付近での形状であるから，実際には，迂回路上の L のナイキスト軌跡を正確に知ることは安定判別には不要であると考えられる．

以上より，安定判別に必要なのは，ナイキスト経路の虚軸上の部分に対応するナイキスト軌跡であると考えることができる．虚軸上で $\omega > 0$ の領域と $\omega < 0$ の領域とでは $L(j\omega)$ の値は実軸に関して対称であるから，ω を 0 から $+\infty$ へ変化させ，$L(j\omega)$ の $s = -1$ 周辺での軌跡を考えればよいことになる．

例 1 $G_1 = k$(定数)，$G_2 = 1/(s+1)$ とする．$k > 0$ とすれば閉ループ系は安定である．一巡伝達関数のナイキスト軌跡 (の下半分) を図 9.8 に示す．この例では，L は複素右半平面に極を持たないので $P = 0$ である．図より，ナイキスト軌跡は $s = -1$ を囲まない．よって，閉ループ系は安定と判別される．実際，閉ループ系の伝達関数は $k/(s+k+1)$ で，極は複素左半平面上の $s = -k-1$

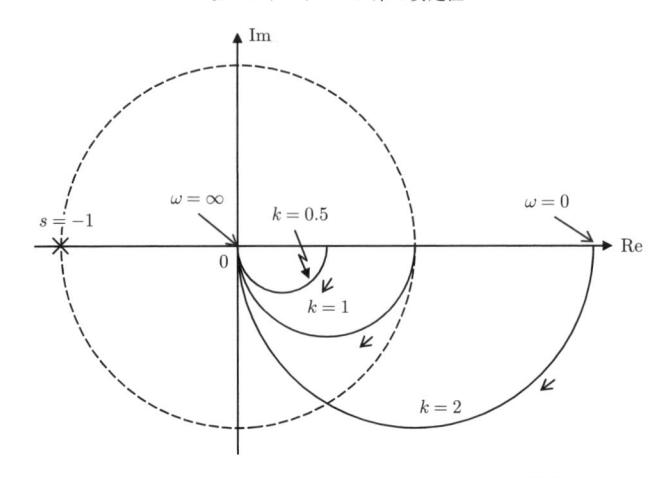

図 9.8　$G_1 = k$, $G_2 = 1/(s+1)$ のナイキスト線図

に存在し，安定である．

例 2　$G_1 = k$(定数)，$G_2 = 1/(s-1)$ とする．ナイキスト軌跡を図 9.9 に示す．この例では，$P = 1$ である．$k > 1$ とすれば，ナイキスト軌跡は $s = -1$ の周辺を 1 回周るので閉ループ系は安定である．

例 3　$G_1 = k$(定数)，$G_2 = 1/s$ とする．$k > 0$ とすれば閉ループ系は安定

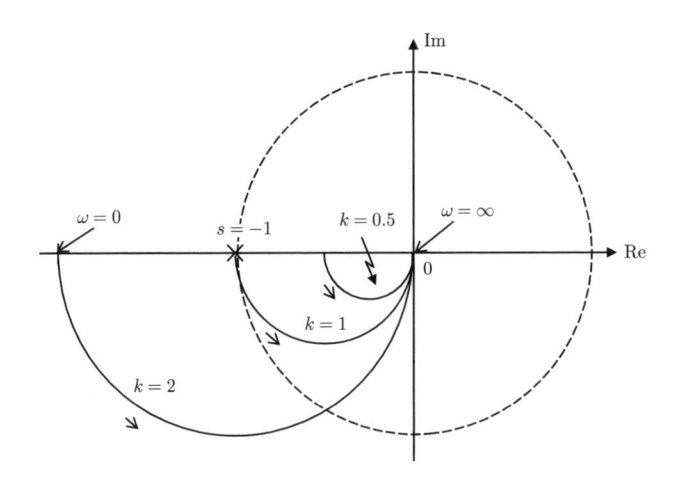

図 9.9　$G_1 = k$, $G_2 = 1/(s-1)$ のナイキスト線図

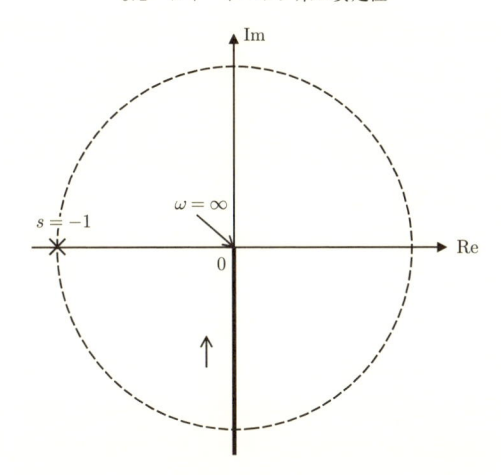

図 **9.10**　$G_1 = k$(定数), $G_2 = 1/s$ のナイキスト線図

である．ナイキスト軌跡を図 9.10 に示す．G_2 は虚軸上 $s = 0$ に極を持つので，ナイキスト経路は $s = 0$ を右側に迂回している．つまり，$P = 0$ である．$k > 0$ であれば，$s = 0$ の近傍で $1/s$ のナイキスト軌跡は常に複素右半平面に

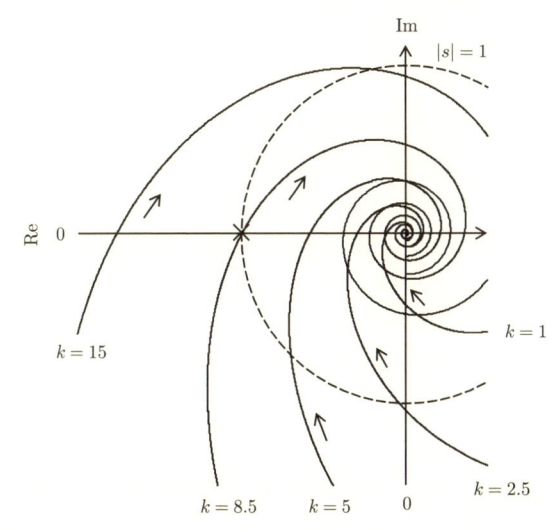

図 **9.11**　$G_1 = k$(正定数), $G_2 = e^{-0.02s}/(0.1s + 1)$ のナイキスト線図

あり，$s=-1$ の周りを回転していない．このことは，次のように確かめられる．$s=0$ 近傍で具体的にナイキスト経路を半円弧とし，$\epsilon e^{j\theta}$，$0<\epsilon \ll 1$，$-\pi/2<\theta<\pi/2$ ととる．対応するナイキスト軌跡は $k/(\epsilon e^{j\theta})$ であり，実部は正の値であるので，原点から遠方の複素右半平面にあることがわかる．

例 4 $G_1=k$(正定数)，$G_2=e^{-0.02s}/(0.1s+1)$ とする．ナイキスト軌跡は図 9.11 である．L の極はすべて複素左半平面に存在し，$P=0$ である．k が約 8.5 以下ではナイキスト軌跡が $s=-1$ を囲まないので閉ループ系は安定，k が約 8.5 を超えると囲むので不安定と判定できる．例 1 と比較すると，むだ時間要素のため，閉ループ系を安定にする k の最大値は限られることがわかる．実際，図 9.4 を見ると，$k=8.5$ の場合，閉ループ系の目標値応答は振動的であり，閉ループ系に虚軸に近い極が現れていることがわかる．

9.2.2 安定余裕

コントローラは設計者が意図した特性であるとしても，制御対象の特性は正確に表現できるとは限らない．コントローラを $G_1(s)$，制御対象を $G_2(s)$ とすると，$G_2(s)$ と実際の制御対象とではゲインや位相の値が違っている場合がある．実際の制御対象と，制御系の設計で想定した制御対象との特性 (ここでは $G_2(s)$) に差異があることを**モデル化誤差**があるという．あるいは，制御対象の特性に**不確かさ**があるという．制御系設計では，モデル化誤差があり，ゲインや位相が実際とはある程度違っていたとしても，安定性を失わない制御系を設計しておく必要がある．ナイキスト線図からわかるように，想定していたよりも実際の制御対象の位相が遅れていたり，ゲインが高かった場合，不安定な制御系が設計されてしまうことがある．すなわち，$G_2(s)$ に不確かさがあっても制御系が安定になるように，"余裕 (マージン)" のあるコントローラの設計が必要である．

ゲイン余裕と位相余裕： 図 9.12 は，ある閉ループ系の一巡伝達関数 L のナイキスト線図である (下半分をプロットしている)．L に複素右半平面上の極はないものとする．いま，ナイキスト線図は ω の増加につれて $s=-1$ を左側に見ながら $s=0$ に収束しているので，この閉ループ系は安定である．しかし，L の位相特性が時計回りに α だけ回転するか (遅れるか)，ゲインが $1/\beta$ 倍大き

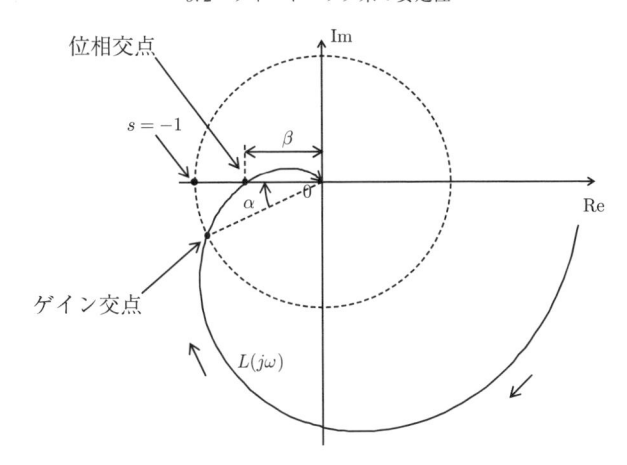

図 **9.12** ナイキスト線図でみるゲイン余裕と位相余裕

くなるかすれば，ナイキスト線図は $s=-1$ を右側に見るようになり，閉ループ系は不安定になる．

- L のゲイン特性が $1/\beta$ 倍されたとき安定な閉ループ系が不安定化するなら，$1/\beta$ をゲイン余裕という．
- L の位相特性が α だけ遅れたとき閉ループ系が不安定化するなら，α を位相余裕という．

また，L のナイキスト線図と原点を中心とする単位円との交点をゲイン交点，実軸との交点を位相交点と呼ぶ．ゲイン交点では $|L|=1$，位相交点では $\angle L = -180°$ である．

ゲイン余裕は，習慣的に常用対数を用いて dB 表示する．ゲイン余裕が $1/\beta$ なら，常用対数表示により，ゲイン余裕は $20\log\beta$ dB である．多くの閉ループ系では，L のナイキスト線図の形状が単純であり，ゲイン余裕，位相余裕はともに正の値をとる[*4)]．

ゲイン余裕と位相余裕をどの程度取ればよいかについては，古くから以下の目安が知られている．

- 高速に変動する目標値に追従することが要求される制御系では，ゲイン余

[*4)] 図 9.9 に示す例では，$k=2$ の場合，コントローラのゲインが小さくなっても不安定になる．このように，ゲイン余裕は負でありうることに注意されたい．

裕は 10～20 dB の間にとる．可能であれば 12 dB 付近とする．位相余裕は 40～60° の間とし，可能であれば 45° 付近とする．
- 目標値が一定値である制御系では，ゲイン余裕は 3～10 dB の間にとる．可能であれば 6 dB 付近とする．位相余裕は 20° 以上とし，可能であれば 60° 付近とする．

ボード線図による安定判別： ナイキスト軌跡のうち，ベクトル軌跡に一致する部分を調べれば安定性や安定余裕がわかる．したがって，L のボード線図をナイキスト線図に代用することも可能である．ボード線図では，ゲイン余裕と位相余裕とは図 9.13 のように表される．図では，$|L(j\omega)| = 1(0 \text{ dB})$ となる周波数では $\angle L(j\omega)$ が $-180°$ より遅れておらず，閉ループ系は位相余裕がある．また，$\angle L(j\omega)$ が $-180°$ から遅れ始める周波数でゲインが 0 dB を下回っているので，ゲイン余裕があり，閉ループ系は安定であることがわかる．

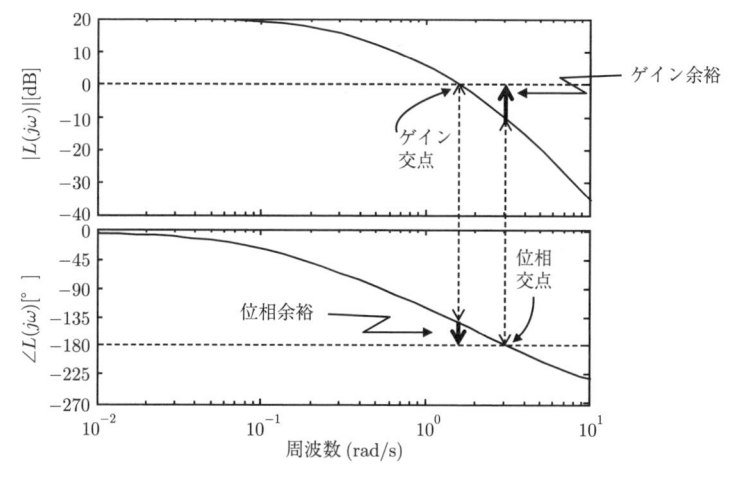

図 9.13 ボード線図でみるゲイン余裕と位相余裕
$L(s) = 20/(s^3 + 7s^2 + 10s + 2)$.

9.2.3 内部安定性

9.2.1 項では，図 9.5 の閉ループ系で，z に対する y の BIBO 安定性を考えた．実際の制御系では，z に対して y が BIBO 安定であったとしても，u が発

散していれば実用的ではない．実用的であるためには，閉ループ内の信号はすべて有界である必要がある．また，閉ループ系には G_1 から G_2 への信号経路があり，w が例えば外乱として入力される可能性がある．有界な w に対しても，u と y は有界でなければならない．すなわち，伝達関数 $y(s)/z(s)$, $y(s)/w(s)$, $u(s)/z(s)$, $u(s)/w(s)$ のすべてが BIBO 安定でなくてはならない．この四つの伝達関数がすべて BIBO 安定であるとき，閉ループ系は**内部安定**であるという．

$[z(s)\ w(s)]^T$ と $[y(s)\ u(s)]^T$ との関係は次のように表すことができる．

$$
\begin{aligned}
y(s) &= \frac{G_2(s)G_1(s)}{1+G_2(s)G_1(s)}z(s) + \frac{G_2(s)}{1+G_2(s)G_1(s)}w(s) \\
u(s) &= \frac{G_1(s)}{1+G_1(s)G_2(s)}z(s) - \frac{G_1(s)G_2(s)}{1+G_1(s)G_2(s)}w(s)
\end{aligned}
\tag{9.3}
$$

すなわち，$(G_2G_1)/(1+G_2G_1)$, $G_2/(1+G_2G_1)$, $G_1/(1+G_2G_1)$, $(G_1G_2)/(1+G_2G_1)$ がすべて BIBO 安定であることが，閉ループ系が内部安定であることの必要十分条件である．z から y への伝達関数が安定であっても閉ループ系が内部安定でない例を次に示す．

G_2 の不安定零点と G_1 の極とが極零相殺する場合： 共通な零点を持たない多項式 p_R, b_1, b_2, a_1, a_2 を用いて[*5)]

$$
G_1(s) = \frac{b_1(s)}{p_R(s)a_1(s)}, \quad G_2(s) = \frac{p_R(s)b_2(s)}{a_2(s)}
$$

と表す．多項式 p_R の零点は複素右半平面に存在すると仮定する．G_2G_1 は極零相殺のため

$$
\frac{b_2(s)b_1(s)}{a_2(s)a_1(s)}
$$

となり，z から y への伝達関数 $(G_2G_1)/(1+G_2G_1)$ は

$$
\frac{b_2(s)b_1(s)}{a_2(s)a_1(s)+b_2(s)b_1(s)}
\tag{9.4}
$$

と表される．一方，z から u への伝達関数は

[*5)] すなわち，多項式 p_R, b_1, b_2, a_1, a_2 は因数分解して表したとき，共通の因子を持たないと仮定する．

$$\frac{b_1(s)a_2(s)}{p_R(s)\{a_1(s)a_2(s)+b_1(s)b_2(s)\}} \tag{9.5}$$

となる.したがって,(9.4) 式が BIBO 安定であったとしても,z から u への伝達関数は p_R のために複素右半平面に極を持ち,BIBO 安定ではない.

一例として図 9.14 の閉ループ系の計算機シミュレーション結果を図 9.15 に示す.この例では $p_R = -s+1$ であり,G_2 の不安定零点 $s=1$ が極零相殺されている.図 9.15 から u が発散していることがわかる.

G_2 の不安定極と G_1 の零点とが極零相殺する場合:

$$G_1(s) = \frac{b_1(s)p_R(s)}{a_1(s)}, \quad G_2(s) = \frac{b_2(s)}{p_R(s)a_2(s)}$$

と表す.多項式 p_R の零点は複素右半平面に存在すると仮定する.z から y への伝達関数 $(G_2G_1)/(1+G_2G_1)$ は (9.4) 式となる.一方,w から y への伝達関数は

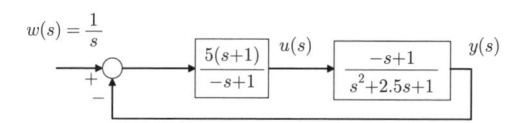

図 **9.14** プラントの不安定零点を相殺する閉ループ系

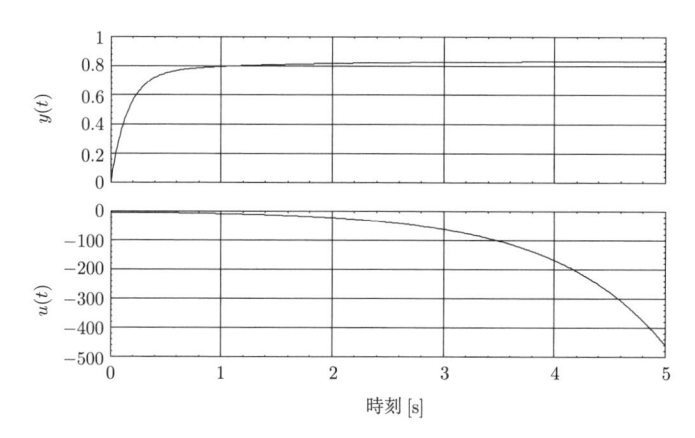

図 **9.15** 図 9.14 の閉ループ系の計算機シミュレーション

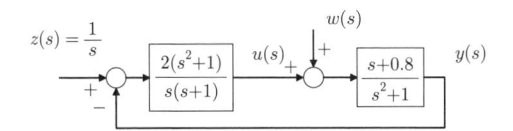

図 **9.16** プラントの不安定極を相殺する閉ループ系

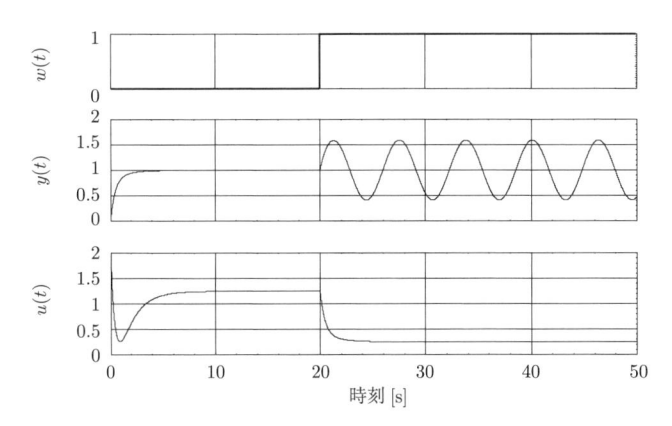

図 **9.17** 図 9.16 の閉ループ系の計算機シミュレーション

$$\frac{b_2(s)a_2(s)}{p_R(s)\{a_1(s)a_2(s) + b_1(s)b_2(s)\}} \tag{9.6}$$

となる．したがって，(9.4) 式が BIBO 安定であったとしても，w から y への伝達関数は p_R のため複素右半平面に極を持ち，BIBO 安定ではない．

一例として図 9.16 の閉ループ系の計算機シミュレーション結果を図 9.17 に示す．この例では $p_R = s^2 + 1$ であり，G_2 の不安定極 $s = \pm j$ が極零相殺されている．図 9.17 から，w の影響により y に持続振動が発生していることがわかる．

演習問題

9.1 ナイキスト軌跡とベクトル軌跡との共通点，相違点を述べよ．

9.2 図 9.5 において，$G_1 = k$(定数)，$G_2 = 1/s^3$ とする．この閉ループ系の安定性を，ナイキストの安定判別法を用いて解析せよ．

10. フィードバック制御系の設計技術

10.1 動的コントローラの導入

第9章では，制御対象

$$y(s) = \frac{1}{0.1s+1}\left\{e^{-0.02s}u(s) + d(s)\right\}$$

の比例制御を検討した．図9.4を見ると，比例制御により，制御量は目標値へ早く収束し，外乱の影響も軽減できる．しかし，比例ゲインが大きくなるにつれ目標値応答が振動的になり，激しいオーバーシュートやアンダーシュートが発生し，実用に適さなくなる．図9.11のナイキスト線図でこの制御系を解析してみると，比例ゲイン k の値を 8.5 より大きくすると制御系が不安定になってしまうことがわかる．比例ゲインを大きくすると，すべての周波数で一巡伝達関数のゲインが一様に上がるため，制御系の性能を向上させるには限界がある．そこで，コントローラを動的な線形時不変システムとし，ゲインを上げる周波数帯域を必要な周波数帯域に限定して性能の向上をはかることを考える．動的な線形時不変ステムのゲインと位相とには関連があり，一巡伝達関数のゲインが，ある周波数帯域で変化すれば，位相も変化する．ゲインと位相との関係を考慮した制御系設計を考えていく．

10.2 制御系の性能指標

制御系が達成すべき性能のことを**制御仕様**(設計仕様) という．制御仕様は制御対象や制御の目的により様々である．具体的な動的コントローラの設計法を述べる前に，制御仕様を表す制御系の性能指標を簡単にまとめておく．

10.2 制御系の性能指標

- **ロバスト性**: 制御対象の特性に非線形性があり，微分方程式や伝達関数で正確に表現できない場合がある．また，正確に表現できたとしても経年変化する場合がある．このように，制御対象の特性に不確かさが存在しても制御性能が所定の性能を満たす性質を，ロバスト性という[*1]．
- **速応性**: 目標値が変化したり，外乱が発生したりしても制御誤差がすばやく減少する性質を速応性という．速応性は耐外乱性や目標値応答性と関連する．
- **耐外乱性**: 制御対象が受ける外乱は多くの場合，未知で，予測不能である．フィードバック制御の特徴の一つは，未知の外乱が発生しても自動的に操作量が修正され，外乱が制御量に及ぼす影響を軽減する働きにある．制御量が外乱の影響を受けにくい性質を耐外乱性という．
- **目標値応答性**: 制御量が目標値に一致するか，十分に近い値となるまでにかかる時間や，制御量の過渡的な特性を指す．目標値応答性は，以下のように表すことができる．目標値に対する制御量の応答特性を評価する場合は，外乱はないと仮定する．

[時間領域での目標値応答性]

目標値をステップ関数とし，制御量の応答を評価する．図 10.1 を用いて説明する．

- M_p(最大行き過ぎ量): 目標値に対し制御量が行き過ぎる値であ

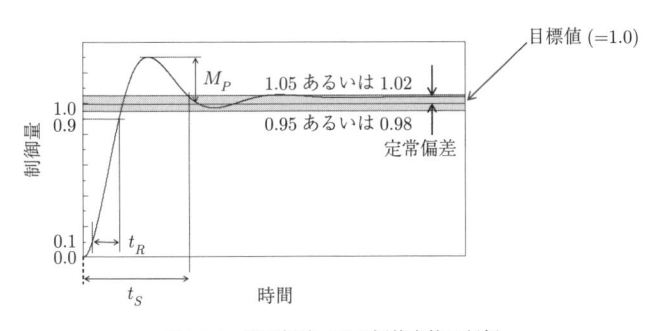

図 10.1 時間領域での目標値応答の評価

[*1] ロバスト性は重要な性質であるが，本書では特に詳しくは扱わない．ゲイン余裕や位相余裕を持つ制御系は，ある意味でロバスト性を有していると考えることができる．

る．制御誤差の減衰に関連する．
- t_R(立ち上がり時間)： 制御量が目標値の10%に達してから90%に達するまでに要する時間である．応答の速応性の尺度である．
- t_S(整定時間)： 制御量が目標値の±5%，あるいは±2%の範囲に収束するまでの時間である．減衰性と速応性に関連する．
- 定常誤差： 時刻が∞の極限で制御量が収束する値と，目標値との誤差である．

[周波数領域での目標値応答性]

目標値に対する制御量の周波数伝達関数を評価に用いる．図10.2を用いて説明する．目標値を $r(s)$，制御量を $y(s)$ とする．

- M_p(最大行過ぎ量)： 目標値に対し制御量が行き過ぎる値である．制御誤差の減衰に関連する．
- ω_p(ピーク周波数)： r から y への伝達関数のゲインがピークを持つ周波数である．ピーク周波数の存在は，制御系に共振があることを意味する．一般にピーク周波数より高い周波数帯域で y/r のゲインは減衰するので，制御量の立ち上がりの速さに関連する．
- B_W(バンド幅 [制御帯域])： 制御量が目標値に追従できる周波数帯域を表す．r から y への伝達関数のゲインが $-3[\mathrm{dB}]$ 以上である周波数帯域とする．速応性に関連する．
- 定常誤差： 定常誤差は r から y への周波数伝達関数 $y(j\omega)/r(j\omega)$ を用いると，$20\log|1-y(j0)/r(j0)|$ と表される．

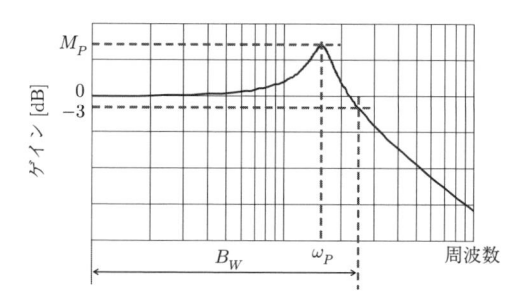

図10.2 周波数領域での目標値応答の評価

いずれの指標も，小さい値となることが望ましい．現実の制御系設計では，それぞれの指標が互いにトレードオフの関係となることが一般的である．

10.3 周波数整形にもとづく制御系設計

図 10.3 のフィードバック制御系を考える．ここで P は制御対象，K はコントローラである．フィードバック制御系には，目標値 r，外乱 d，観測雑音 n などの信号が外部から入力される．観測雑音は制御量 y を観測 (計測) するセンサーが発生する雑音と考える．フィードバック制御系は，一般に次のような性質を有することが望ましい．

- 目標値 r と制御量 y との誤差 e が小さい．
- 外乱 d が発生しても制御誤差が大きくならない．
- 制御が観測雑音 n の影響を受けにくい．すなわち n の影響は e に現れにくい．
- r, d, n などが発生しても操作量 u が過大な値にならない．

以上の性質を周波数伝達関数を用いて考察する．

$$\begin{aligned} e(j\omega) &= \frac{1}{1+P(j\omega)K(j\omega)}r(j\omega) \\ &\quad - \frac{P(j\omega)}{1+P(j\omega)K(j\omega)}d(j\omega) - \frac{1}{1+P(j\omega)K(j\omega)}n(j\omega) \end{aligned} \quad (10.1)$$

$$\begin{aligned} u(j\omega) &= \frac{K(j\omega)}{1+K(j\omega)P(j\omega)}r(j\omega) \\ &\quad - \frac{K(j\omega)P(j\omega)}{1+K(j\omega)P(j\omega)}d(j\omega) - \frac{K(j\omega)}{1+K(j\omega)P(j\omega)}n(j\omega) \end{aligned} \quad (10.2)$$

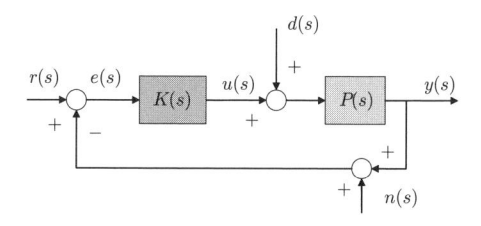

図 10.3 フィードバック系の主要な信号

フィードバック制御系の望ましい性質を伝達関数を用いて表すと，(10.1) 式と (10.2) 式に現れる周波数伝達関数のゲイン

$$\left|\frac{1}{1+P(j\omega)K(j\omega)}\right|, \quad \left|\frac{P(j\omega)K(j\omega)}{1+P(j\omega)K(j\omega)}\right| \qquad (10.3)$$

$$\left|\frac{P(j\omega)}{1+K(j\omega)P(j\omega)}\right|, \quad \left|\frac{K(j\omega)}{1+P(j\omega)K(j\omega)}\right| \qquad (10.4)$$

の値が小さいこととなる．いま，設計できるのはコントローラの特性 K で，制御対象 P の特性は与えられていると考える．$|1/(1+PK)|$ および $|P/(1+PK)|$ を小さくするには $|PK|$ を大きくすればよい．一方，$|PK/(1+PK)|$ および $|K/(1+PK)|$ を小さくするには $|PK|$ を小さくしなければならない．すなわち，目標値や外乱に対して制御誤差を小さくするには一巡伝達関数 PK のゲインを大きくしなければならないが，すると観測雑音により制御量が乱されやすいフィードバック制御系となる[*2]．そこで，次の方針で制御系 (コントローラ) を設計する．

- 目標値応答性や耐外乱性を必要とする周波数帯域では極力 $|PK|$ を大きくする．
- 観測雑音が問題となる周波数帯域では極力 $|PK|$ を小さくする．

以上の方針にもとづき K の周波数特性を設計する制御系設計法を，**周波数整形法**という．

図 10.4 に周波数整形法を模式的に説明する．フィードバック制御の目的は，制御量を目標値に追従させることである．しかし，制御対象を非現実的なまでに素早く応答させるならば，膨大なエネルギーを持つ操作量を制御対象に注入しなければならない．過大なエネルギーの注入は，制御対象の破壊につながりかねない．また，省エネルギーであることにも反する．そこで，制御系を設計するときには，制御量に許容される誤差の範囲や，どの程度素早く目標値に応答すべきかを定めておく．言葉を変えると，どのような範囲の周波数成分からなる目標値に対して制御誤差を少なくするかの仕様を定める．この周波数帯域

[*2] 観測雑音の影響を受けやすいフィードバック制御系は，想定した制御対象の特性と実際の制御対象の特性に差異が生じた場合，著しく性能が劣化することがある．この問題への対策はロバスト制御理論で重要な課題として扱われている．

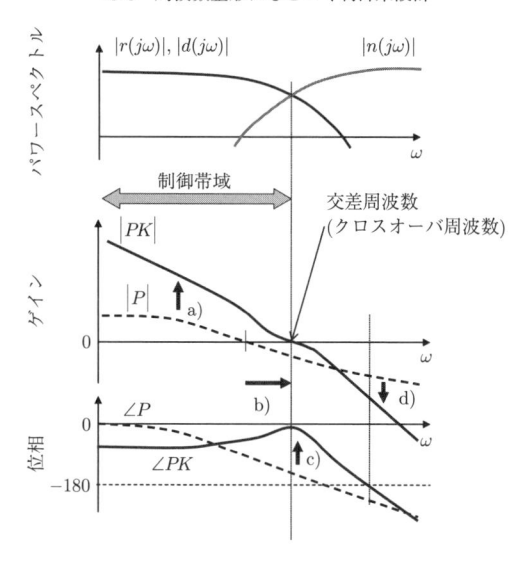

図 10.4 周波数整形法

が**制御帯域**である．制御帯域以外の周波数帯域の外乱や目標値に対しては，操作量が発生しなくてもよしとする．すなわち，制御帯域外ではコントローラのゲインは小さくてよいものとする[*3]．

以上のことから，図 10.4 上段に示すように，問題にすべき r と d の周波数成分は一致しており，観測雑音が分布する周波数帯域とは異なっていると考える．そこで，

a) 制御帯域で $|P|$ の大きさが不足していれば，$|K|$ で補う．

b) 制御帯域をより広げるには，広げようとする周波数帯域でさらに $|K|$ を大きくし，$|PK|$ が大きい周波数帯域を拡大する．$|PK|$ が $-3[\mathrm{dB}]$ 以上である周波数帯域を制御帯域と考える．$|PK| = 0[\mathrm{dB}]$ となる周波数は $|PK|$ のゲイン交点であり，ゲイン交点を与える周波数を**クロスオーバ周波数**あるいは**交差周波数**と呼ぶ．

c) クロスオーバ周波数付近で P に位相遅れが大きいと位相余裕が減少し，

[*3] 目標値 r と観測雑音 n から制御量 y への伝達関数は符号の違いを除けば同じになる．すなわち，観測雑音と目標値とは同じように制御量に影響する．そこで，センサは，制御帯域で雑音が十分低いものを選択する必要がある．

不安定化しやすい制御系となる．そのような場合には，K の位相特性をクロスオーバ周波数付近で進め，位相余裕を確保する．

d) 制御帯域外では，$|K|$ を小さく設計し $|PK|$ を下げる．あるいは，P の位相遅れが $-180°$ 付近となる周波数帯域で $|PK|$ を下げゲイン余裕を確保する．

以上が，周波数整形法の概略である．コントローラ K には，一巡伝達関数 PK の

- ゲインを周波数帯域によらず一様に上げる，または下げる．
- ある特定の周波数帯域のゲインを下げる，または上げる．
- ある特定の周波数帯域の位相を進める．

などの特性が要求される．もし K のゲイン特性と位相特性とを独立に設計できれば，K の設計は非常に簡単であろう．しかし実際には，プロパな伝達関数のゲイン特性と位相特性とは，互いに関連し合っている．例えば，積分器 $1/s$ を考えてみよう．積分器の周波数ゲイン特性は周波数によらず $-20[\mathrm{dB/decade}]$ で単調減少し，周波数位相特性は $-90[°]$ で一定である．また微分要素 s は，ゲインが $20[\mathrm{dB/decade}]$ で単調増加し，周波数位相特性は $90[°]$ で一定である．あるいは，定数ゲインの位相遅れは周波数によらず常に $0[°]$ である．このように，最小位相な[*4]伝達関数 $G(s)$ のゲインの，ある周波数 ω における変化率 $d|G(j\omega)|/d\omega$ と位相角 $\angle G(j\omega)$ の関係は，一意に関連付いている．最小位相な伝達関数は，ある周波数 ω において

- $d|G(j\omega)|/d\omega > 0$　であれば，その周波数で $\angle G(j\omega) > 0$ となる．
  $d|G(j\omega)|/d\omega$ が大きいほど G の位相進みは大きくなる．
- $d|G(j\omega)|/d\omega < 0$　であれば，その周波数で $\angle G(j\omega) < 0$ となる．
  $d|G(j\omega)|/d\omega$ が小さいほど G の位相遅れは大きくなる．
- $d|G(j\omega)|/d\omega = 0$　であれば，その周波数で $\angle G(j\omega) = 0$ となる．

伝達関数が最小位相でなく，例えば $s = a\,(a > 0)$ に零点を持っているとする．この伝達関数を $\hat{G}(s)$ とする．$\hat{G}(s)$ は，まったく同じ周波数ゲイン特性の最小な伝達関数 $G(s)$ を用いて

[*4] すなわち，不安定零点を持たない．

$$\hat{G}(s) = \frac{s-a}{s+a}G(s)$$

と表すことができる．$(s-a)/(s+a)$ は周波数によらず，ゲインは 1 であり，位相遅れは周波数の増加に応じて単調に増加する．すなわち，非最小位相な伝達関数においても，ゲイン特性と位相特性とは関連している．

コントローラが線形時不変系である以上，上述のゲインと位相とが関連する制約を免れない．このため，コントローラの設計には困難がともなう．周波数整形のため，K は様々な伝達要素 (コントローラの場合，補償要素ともいう) を組み合わせて構成する．10.4 節で代表的な補償要素について述べる．

10.4　代表的な補償要素

10.4.1　比例要素

入力を定数倍して出力する要素である．出力が入力に比例することから，比例要素と呼ばれる．コントローラ K に直列に接続し，K の周波数ゲイン特性を周波数によらず一様に調整する．比例要素により K の周波数位相特性は変化しない．

10.4.2　位相進み要素

位相進み要素の伝達関数は

$$G_{led}(s) = \frac{\alpha(1+Ts)}{1+\alpha Ts}, \quad (T>0, \ 0<\alpha<1)$$

と表される．上式を変形すると

$$G_{led}(s) = \frac{s+\dfrac{1}{T}}{s+\dfrac{1}{\alpha T}}$$

となる．位相進み要素のボーデ線図を図 10.5 に示す．零点が極より小さく (複素平面上で原点に近い)，位相が進む周波数帯域が現れるので位相進み要素という．位相進み要素のゲインは高周波数帯域で 0 dB，低周波数帯域で $20\ \log\alpha [\mathrm{dB}]$ となる．位相進み要素は安定性，速応性など過渡特性の改善に用いる．ボーデ

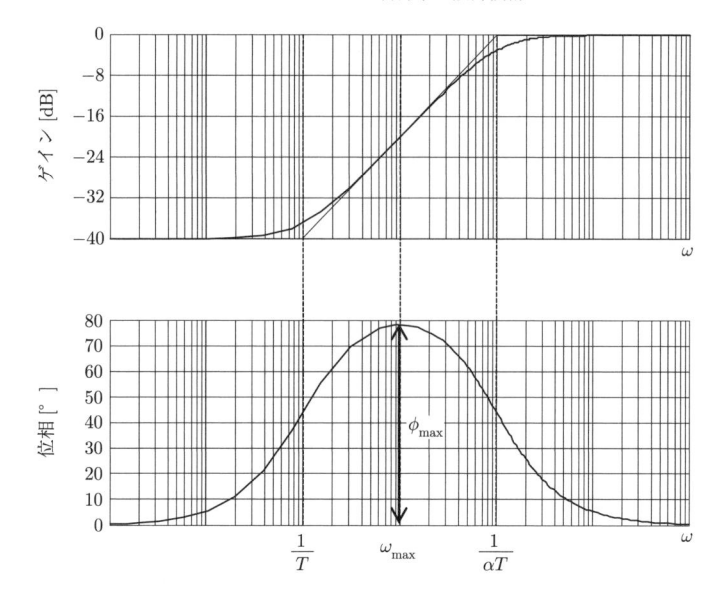

図 10.5 位相進み要素のボーデ線図 ($\alpha = 0.01$, $T = 1$)

線図に示すように位相進みが最大となる周波数は

$$\omega_{\max} = \frac{1}{\sqrt{\alpha}\, T}$$

であり，位相進みの最大値は

$$\phi_{\max} = \sin^{-1} \frac{1-\alpha}{1+\alpha}$$

となる．

$G_{led}(s)$ の特性から位相進み要素の位相進みが最大となる周波数は，周波数を対数で目盛ったとき $1/T$ と $1/\alpha T$ の中間となる．位相進みが最大となる周波数は

$$\log \omega_{\max} = \frac{1}{2}\left(\log \frac{1}{T} + \log \frac{1}{\alpha T}\right)$$

あるいは

$$\omega_{\max} = \frac{1}{\sqrt{\alpha}\, T}$$

となる．

一方，位相角 ϕ は $\phi = \tan^{-1}\dfrac{(1-\alpha)\omega T}{1+\alpha(T\omega)^2}$ であるから

$$\phi_{\max} = \tan^{-1}\frac{1-\alpha}{2\sqrt{\alpha}} = \sin^{-1}\frac{1-\alpha}{1+\alpha}$$

が得られる．図 10.5 に見られるように位相進み要素はハイパスフィルタであり，高周波数帯域で低周波数帯域よりゲインが大きい．α を充分に小さくとると $\omega \geq 1/T$ となる高い周波数帯域では

$$G_{led}(s) \simeq \alpha Ts$$

となり，位相進み要素は疑似的な微分器となる．

10.4.3 位相遅れ要素

位相遅れ要素の伝達関数は

$$G_{lag}(s) = \frac{1+Ts}{1+\beta Ts} \quad (T>0,\ \beta>1)$$

と表される．$G_{lag}(s)$ のボーデ線図を図 10.6 に示す．位相が遅れる周波数帯域が現れることから $G_{lag}(s)$ を位相遅れ要素という．位相遅れ要素は主に定常特性を改善する目的で用いる．位相遅れは周波数 $\omega_{\max}$ において最大値 $\phi_{\max}$ となる．$\omega_{\max}$，$\phi_{\max}$ は次のように表される．

$$\omega_{\max} = \frac{1}{\sqrt{\beta}T}, \quad \phi_{\max} = \sin^{-1}\frac{1-\beta}{1+\beta}$$

図 10.6 に示すように，位相遅れ要素の周波数特性には，ゲイン低下にともない，位相が遅れる周波数帯域が現れる．また β を充分に大きくとると，位相遅れ要素は $1/T$ より低い周波数帯域では

$$G_{lag} \simeq \frac{1}{\beta T}\frac{1}{s}$$

となり，疑似的な積分器となる．

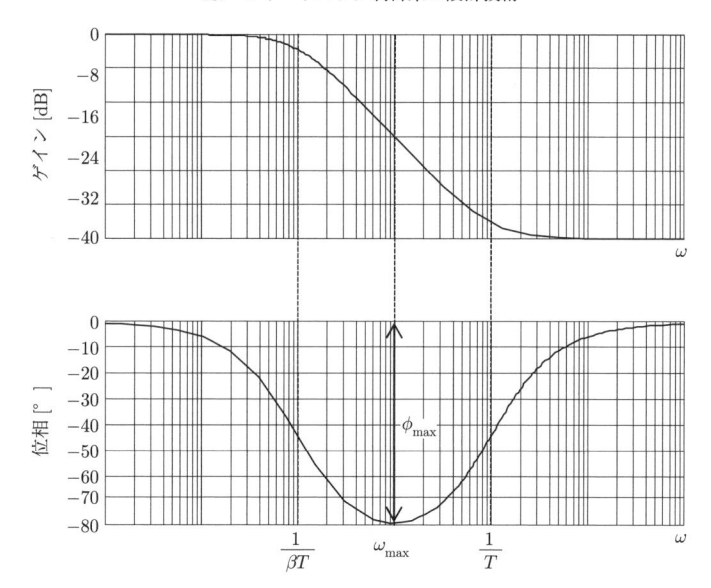

図 10.6　位相遅れ要素のボーデ線図 ($\beta = 100$, $T = 1$)

10.4.4　位相進み遅れ要素

位相進み遅れ要素の伝達関数は

$$G_{ll}(s) = \frac{1+T_1 s}{1+\alpha T_1 s}\frac{1+T_2 s}{1+\dfrac{T_2}{\alpha}s} \quad (T_1 > 0,\ T_2 > 0,\ \alpha > 1)$$

と表される．前述の位相遅れ要素と位相進み要素とを直列に結合した補償要素である．位相進み遅れ要素の周波数特性は，低周波数帯域では位相遅れ補償，高周波数帯域では位相進み補償と同様になる．低周波数帯域と高周波数帯域でゲインは 0 dB となる．位相進み遅れ要素のボーデ線図を図 10.7 に示す．

10.4.5　積分要素と内部モデル原理

図 10.3 において，$n(s) = 0$ とおき，外乱 d および目標値 r は一定値であると仮定し，誤差 e を 0 に収束させる方法を考えよう．e を 0 に収束させるには K が $s = 0$ に最低一つの極を持てばよいことを次のように示すことができる．

d は大きさ d_0 の一定値と仮定すると d_0/s とラプラス変換される．ここで d_0

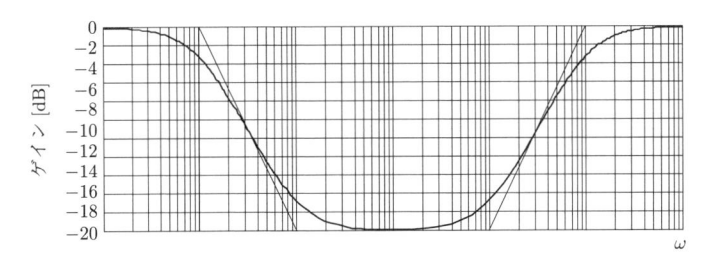

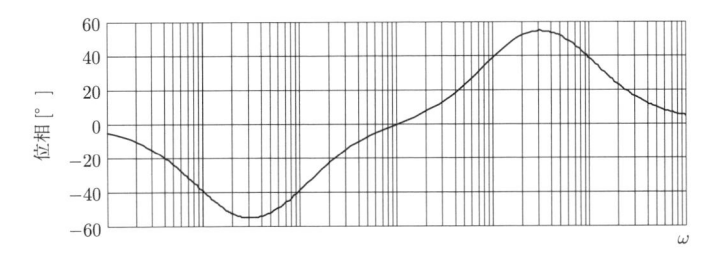

図 10.7 位相進み遅れ要素のボーデ線図

は定数である．同様に r は定数 r_0 を用いて r_0/s と表される．K は $s=0$ に k 個の極を持つと仮定すると K は次のように因数分解できる．

$$K(s) = \frac{K_0(s)}{s^k}$$

このとき誤差 e は次のように表される

$$e(s) = \frac{s^k}{s^k + P(s)K_0(s)} \frac{r_0}{s} - \frac{s^k P(s)}{s^k + P(s)K_0(s)} \frac{d_0}{s} \tag{10.5}$$

いま，閉ループ系が安定であると仮定すると最終値の定理より k が 1 以上であれば

$$\lim_{t \to \infty} e(t) = \lim_{s \to 0} se(s) = 0$$

となり[*5]，e は 0 に収束することがわかる．

もし，$d = d_0/s^m$，$r = r_0/s^\ell$ のとき，K は $s=0$ に m と ℓ の大きいほうと同じ以上の個数の極を持てば，e は 0 に収束することを同様に示すことができ

[*5] $P(s)$ と $K(s)$ との間で，$s=0$ における極零相殺があってはならないことに注意する．

る．K が s に k 個の極を持つことは，別の言い方をすれば，K の伝達関数が k 個の積分要素を因子として持つことである．K が $s=0$ に k 個の極を持つ制御系を特に **k 型サーボ系**という．一般には，1 型サーボ系は位置や速度を一定に保つ目的の制御に多用されている．

外乱や目標値が一定値でなく，正弦波 $\omega_0/(s^2+\omega_0^2)$ である場合を考えよう．ここで，ω_0 は定数である．一定値の場合と同様に，コントローラ K を

$$K(s) = \frac{K_0(s)}{s^2+\omega_0^2}$$

とすれば，$n(s)=0$ とおいたとき e を 0 に収束させることができる．

$1/s$ や $\omega_0/(s^2+\omega_0^2)$ は，目標値や外乱のモデルであると考えることができる．以上に説明してきた結果を一般化すると，以下のことが成り立つ．

> コントローラの伝達関数が外乱のモデルの分母を分母因子として持つと，誤差 e は漸近的に 0 に収束する．

この性質を**内部モデル原理**と呼ぶ．

内部モデル原理を周波数整形の観点から考えよう．外乱が一定値の場合，外乱は周波数 0 の直流成分からなる．積分器 $1/s$ のゲインは直流すなわち角周波数 ω が 0 のとき無限大である．同様にコントローラの伝達関数の分母に $s^2+\omega_0^2$ があれば，コントローラのゲインは $\omega=\omega_0$ で無限大である．コントローラのゲインが無限大になる外乱の周波数成分は，漸近的に 0 に収束し除去される．同様に，目標値信号のうち，コントローラのゲインが無限大になる周波数成分に関する制御誤差は 0 に収束する．さらに，コントローラのゲイン周波数特性は連続的であり，ゲインが無限大になる周波数に近い周波数では，コントローラのゲインは高い．この，コントローラのゲインが高い周波数帯域で，制御誤差は小さくなる．

10.5 PID 制 御

PID 制御は，産業界で数多くの実用例がある．コントローラの調整パラメータが 3 個と少なく，作用が直感的に理解しやすいことが利点とされる．まず P 制御を試み，結果が仕様を満足しなければ，PD 制御や PI 制御を検討し，さら

に制御性能を改良するために PID 制御を検討するという段階的な制御系設計が多用される．ここでは，9.1 節で例として取り上げた

$$y(s) = \frac{1}{0.1s+1}\left\{e^{-0.02s}u(s) + d(s)\right\}$$

を制御対象とし，PID 制御系設計の一例を示す．

10.5.1　P 制御

第 9 章に詳述したように，P 制御は，操作量を

$$u(s) = k_p e(s), \quad e(s) = r(s) - y(s) \tag{10.6}$$

とする．ここで k_p は定数であり比例ゲインである．第 9 章で見たように，比例ゲインを高くするにつれて制御誤差の定常値は小さくなるが，制御系の過渡応答は振動的となり，比例ゲインが過大になると閉ループ系は安定性を失う．その原因は，制御対象に無駄時間要素があるためである[*6]．無駄時間要素のため周波数が高くなるにつれ制御対象の位相遅れが大きくなり，k_p を大きくすると安定余裕が少なくなることが図 9.11 のナイキスト軌跡から読み取れる．

また，一定値の外乱 d の影響により，定常誤差が 0 に収束しないことが実用上の問題になる可能性がある．

10.5.2　PI 制御と積分要素

一定値をとる外乱や目標値に対し定常誤差を 0 に収束させることを考える．内部モデル原理を応用し，積分器を含むコントローラを設計する．まず，積分器だけのコントローラ

$$u(s) = \frac{k_I}{s}e(s) \tag{10.7}$$

を設計してみる．ここで k_I は定数で，積分ゲインである．$k_I = 12$ とした一巡伝達関数を図 10.8 に示す．ゲイン余裕は 12[dB]，位相余裕は 37° であり，クロスオーバ周波数は 9[rad/s] 付近となる．比例制御 ($k_P = 2.1$, ゲイン余裕

[*6] もし，無駄時間要素がなければ，制御対象は 1 次遅れ系であり，k_p の値をいくら大きくとっても閉ループ系は安定である．

図 **10.8** 積分制御系の一巡伝達関数
$K = k_I/s$.

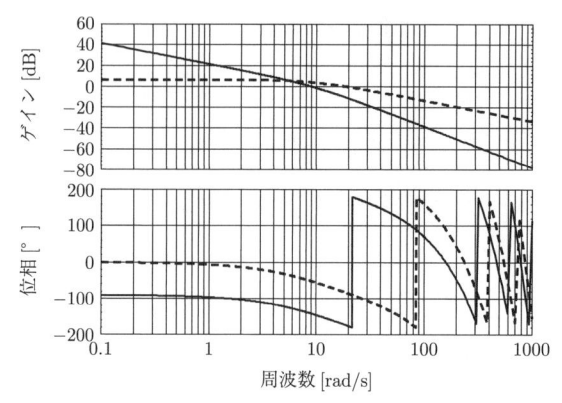

――:積分制御, - - - -:P 制御

12[dB], 位相余裕 97°) に比べ低周波数帯域のゲインは上昇したが, クロスオーバ周波数は低下してしまっている. 積分器が全周波数帯域で位相を 90° 遅らせるためである.

この制御系のステップ応答を図 10.9 に示す. 積分器の効果により, 目標値や外乱に対する制御誤差は 0 に収束していく様子が読み取れる. 一方, 目標値に対する速応性は比例制御に劣っており, しかもオーバーシュートが大きくなり応答が振動的である.

そこで, コントローラに位相進みの項を追加し

$$u(s) = \frac{k_P s + k_I}{s} e(s) \tag{10.8}$$

としてみる. このコントローラは (10.7) 式の分子に $k_P s$ が追加されており, 積分器 $1/s$ に位相進みの作用がある $k_P s + k_I$ を直列に接続したコントローラとみなすことができる. この制御は

$$u(s) = \left[k_P + \frac{k_I}{s}\right] e(s)$$

と表され, 比例制御 (proportional control) と積分制御 (integral control) を合わせたものと考えることもできるので, **PI 制御**と呼ばれる.

10.5 PID 制御

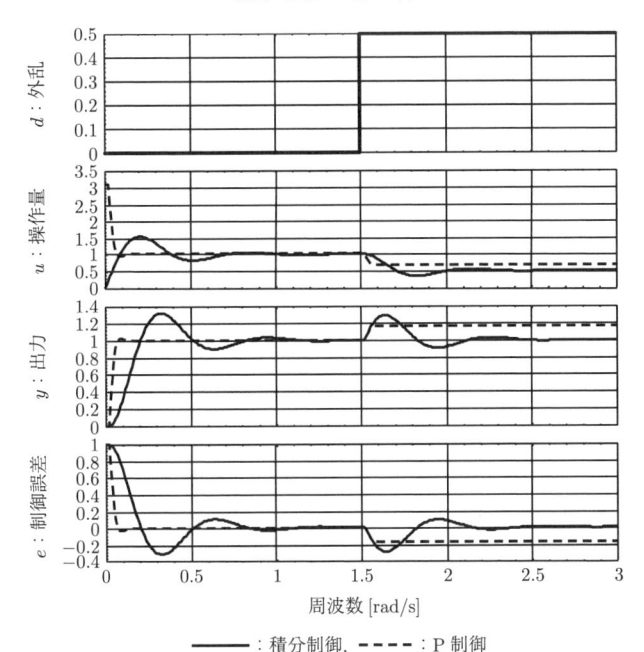

図 10.9 積分制御系のステップ応答
$K = k_I/s.$

$k_P = 1.6$, $k_I = 32$ とした一巡伝達関数の周波数特性を図 10.10 に示す. この制御系のゲイン余裕は 13[dB], 位相余裕は 48° である. 位相進み要素 $k_P s + k_I$ の効果でクロスオーバ周波数は比例制御とほぼ同じ値まで回復し, 全周波数帯域で積分制御系より高いゲインが得られている.

図 10.11 に PI 制御系のステップ応答を示す. 積分制御に比べ速応性が改善され, しかも応答が振動的ではなくなっていることがわかる. コントローラが積分器を有しているので, 定常誤差はない. 比例制御系では目標値に対する定常的な制御誤差を除去するために前置補償器を用いたが, PI 制御では前置補償器を用いていないことに注意されたい.

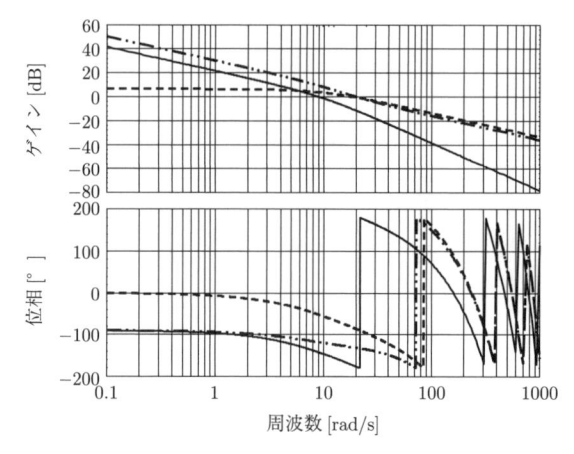

10. フィードバック制御系の設計技術

——：積分制御, ----：P 制御, —·—·：PI 制御

図 **10.10** PI 制御系の一巡伝達関数
$K = k_P + k_I/s$.

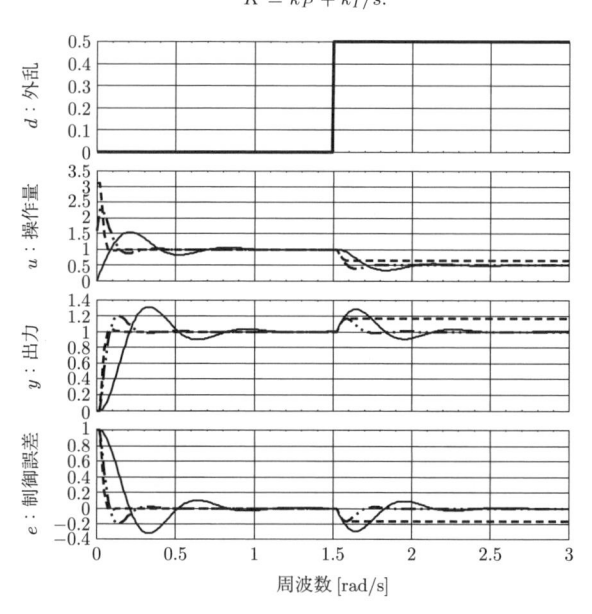

——：積分制御, ----：P 制御, —·—·：PI 制御

図 **10.11** PI 制御系のステップ応答
$K = k_P + k_I/s$.

10.5.3 位相進み要素と PID 制御

PI コントローラに位相進み要素を並列結合し,さらに制御帯域を拡大することを考える.二つの位相進み要素

$$K_{L1}(s) = \frac{s+100}{s+210}, \quad K_{L2}(s) = \frac{s+13.5}{s+19}$$

を設計する.K_{L1},K_{L2} はそれぞれ 150[rad/s],18[rad/s] 付近の位相を進ませる作用がある.ゲインを調整し,進み補償器を

$$K_L(s) = 2.7 K_{L1}(s) K_{L2}(s)$$

とする.K_L,K_{L1},K_{L2} の周波数特性を図 10.12 に示す.

PI 制御系に設計した進み補償を組み合わせ

$$u(s) = 86\frac{(0.005s+1)(s+100)(s+13.5)}{s(s+210)(s+19)}e(s)$$

を得る.進み補償を組み合わせた制御系の一巡伝達関数を図 10.13 に示す.クロスオーバ周波数が高くなり,制御帯域が広がった.この制御系のゲイン余裕は 11[dB],位相余裕は 62° である.位相進み補償により位相余裕が大きく改善

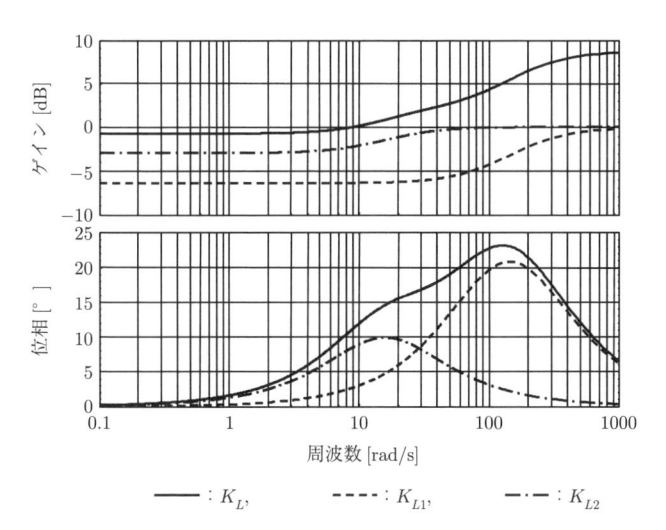

図 **10.12** 位相進み補償器の周波数特性

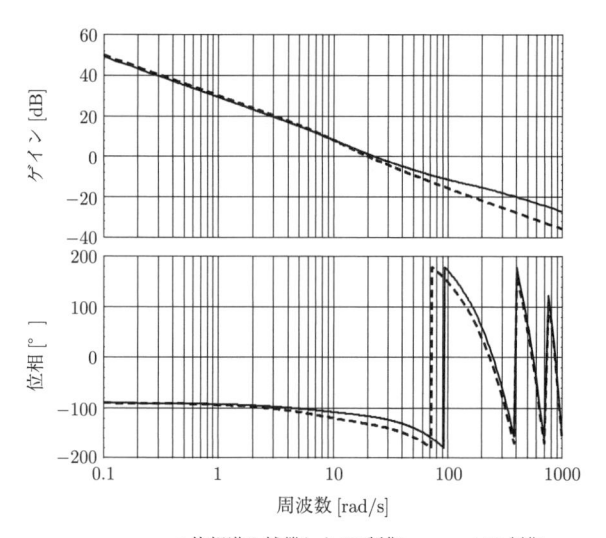

― :位相進み補償した PI 制御, ---- :PI 制御

図 **10.13** 位相進み補償した PI 制御系の一巡伝達関数

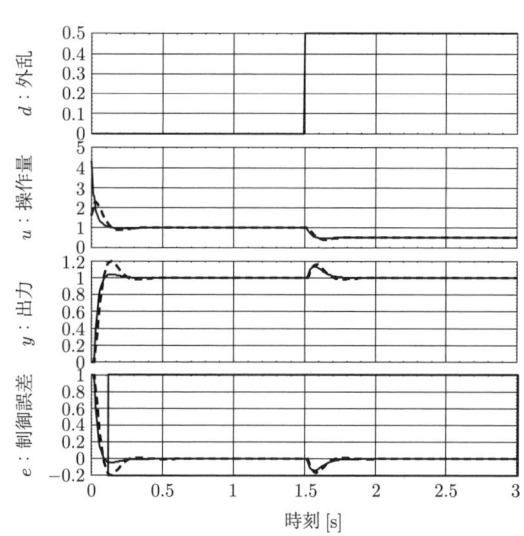

― :位相進み補償した PI 制御, ---- :PI 制御

図 **10.14** 位相進み補償した PI 制御系のステップ応答

位相進み補償を組み合わせた PI 制御系のステップ応答を図 10.14 に示す．PI 制御系に比べ，目標値応答が速くなり，オーバーシュートも少なくなっている．

さて，位相進み補償を組み合わせた PI 制御系の伝達関数は，整理すると

$$\frac{u(s)}{e(s)} = \frac{86}{20}\frac{(s+20)}{s}\frac{(s+100)}{(s+210)}\frac{(s+13.5)}{(s+19)}$$

となる．このコントローラの伝達関数はは因子 $(s+20)/(s+19)$ を含んでいる．分子多項式と分母多項式がほぼ等しいので，$(s+20)/(s+19)$ を定数で近似しても制御性能には影響が少ないと考えられる．実際，$(s+20)/(s+19)$ の周波数特性は図 10.15 であり，定数 $20/19$ で近似できる．そこで，$(s+20)/(s+19)$ を $20/19$ と近似するとコントローラの伝達関数は

$$\frac{u(s)}{e(s)} = \frac{4.5s^2 + 514s + 6111}{s(s+210)}$$

となる．このコントローラを部分分数に展開すると

$$\frac{u(s)}{e(s)} = k_P + \frac{k_I}{s} + \frac{k_D s}{\varepsilon s + 1} \tag{10.9}$$

を得る．ここでは $k_P = 2.31$, $k_I = 29.1$, $k_D = 0.01$, $\varepsilon = 0.0048$ である．(10.9) 式の制御は，比例 (proportional) 制御項 k_P，積分 (integral) 制御項 k_I/s

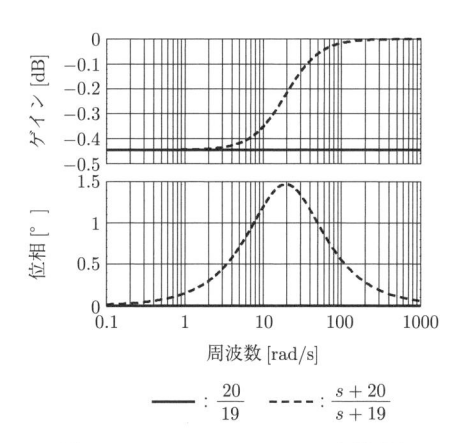

図 10.15 $(s+20)/(s+19)$ の定数近似

```
         ——— : PID コントローラ       ---- : $k_P$,   -·-·- : $\dfrac{k_I}{s}$   -··-··- : $\dfrac{k_D s}{\varepsilon s + 1}$
         ············ : 位相進み補償 PI コントローラ
```

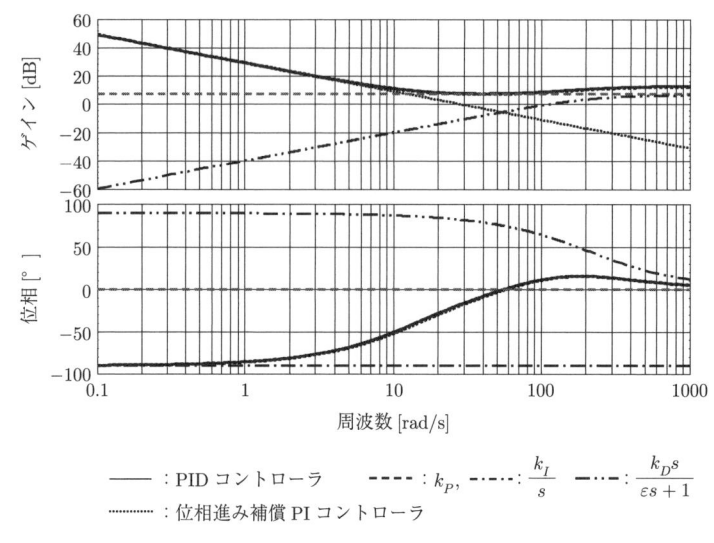

図 **10.16** PID コントローラの周波数特性

および擬似微分 (differential) 項 $k_D s/(\varepsilon s + 1)$ の組み合わせなので，**PID 制御**と呼ばれる．ε を 0 とおくと，$k_D s/(\varepsilon s + 1)$ は微分項となるが，プロパな伝達関数でなくなり，実機への実装が不可能になることに注意されたい．一般に ε は，必要な周波数帯域で擬似微分項が微分項とみなせる小さな値を選ぶことが多い．図 10.16 に，PID コントローラ，位相進み補償を組み合わせた PI コントローラ，PID コントローラの比例制御項，積分制御項，擬似微分制御項の周波数特性を示す．位相進み補償を組み合わせた PI コントローラと PID コントローラの特性はほとんど一致しており，近似が妥当であったことがわかる．また，15[rad/s] 以下の周波数帯域では積分制御項がゲイン特性を支配しており，コントローラのゲインを高くしている．擬似微分制御項の位相特性は，クロスオーバ周波数である 20[rad/s] 近傍までほぼ $+90°$ であり，位相進みの効果を果たしていることがわかる．

10.6 根 軌 跡 法

制御システムの性能評価項目として安定性，速応性などの過渡特性および定常特性などを述べてきた．これらの特性は，制御システムの極と零点の配置に

支配される．開ループ伝達関数のゲインを変えたときの極の変化を調べることで制御システムの性能評価を行う方法として**根軌跡法**がある．例えば，PI コントローラ

$$k\frac{k_1 s + 1}{s}$$

の位相進み補償に関するパラメータ k_1 をあらかじめ決定しておき，次に k を調整して開ループ伝達関数のゲインを調整する場合に，根軌跡法を用いることができる．

図 10.17 の制御システムにおいて閉ループシステムの特性方程式は

$$1 + kP(s)K_0(s) = 0 \tag{10.10}$$

である．特性方程式の根はパラメータ k により変化する．いま，k の値を 0 から ∞ まで変化させたときの (10.10) 式の根を複素平面上にプロットすると，k をパラメータとして特性根が軌跡を描く．この軌跡を根軌跡という．

(10.10) 式を直接解いて根軌跡を描くのが根軌跡法であり，ゲイン k を変化させると制御システムの安定性や過渡特性がどのような影響を受けるかを調べることができる．(10.10) 式において開ループ伝達関数は

$$L(s) = kP(s)K_0(s) \tag{10.11}$$

となる．(10.10) 式は

$$1 + L(s) = 0 \tag{10.12}$$

となり，変形すると $L(s) = -1$ であるから s に関して次の条件が成立する．

$$\left.\begin{array}{ll} \text{ゲイン条件：} & |L(s)| = 1 \\ \text{位相条件：} & \angle L(s) = -\pi + 2l\pi \quad (l = 0, 1, 2, \cdots) \end{array}\right\} \tag{10.13}$$

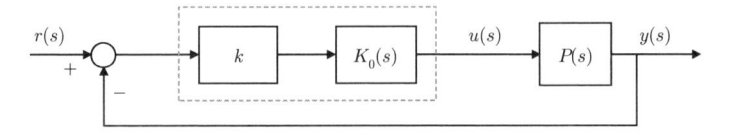

図 10.17 フィードバック制御システム

つまり，根軌跡上の点は常に(10.13)式の条件を満たさなければならない．一般に$K_0(s) = 1$とすると$L(s)$は，極p_i $(i = 1, 2, \cdots, n)$と零点z_i $(i = 1, 2, \cdots, m)$を用いて次のように表される．

$$L(s) = \frac{k(s-z_1)(s-z_2)\cdots(s-z_m)}{(s-p_1)(s-p_2)\cdots(s-p_n)} \quad (m \leq n) \tag{10.14}$$

ここで，$s - p_i$や$s - z_i$は複素数であるから極座標表示を用いると

$$\left. \begin{array}{l} s - p_i = |s - p_i|e^{j\theta_i} \\ s - z_i = |s - z_i|e^{j\phi_i} \end{array} \right\} \tag{10.15}$$

となり，$L(s)$のゲインおよび位相条件は次式で与えられる．

$$|L(s)| = \frac{k \prod_{i=1}^{m} |s-z_i|}{\prod_{i=1}^{n} |s-p_i|} = 1, \quad \angle L(s) = \sum_{i=1}^{m} \phi_i - \sum_{i=1}^{n} \theta_i = -\pi \tag{10.16}$$

すなわち，$k = 0$から$k = \infty$に対して上の2条件を満たす軌跡を複素平面上に描けばよい．現在ではMATLABのようなソフトウェアを使うと根軌跡を正確に描くことができる．

例 1 図10.17において$K_0(s) = 1$, $P(s) = 1/\{s(s+1)\}$とし，その根軌跡を描く．根軌跡を図10.18に示す．いま，$L(s)$の相対次数が2なので，どの

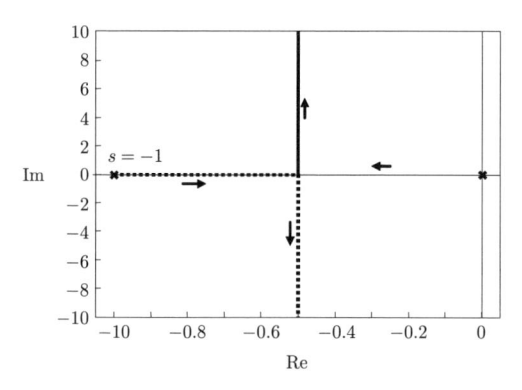

図 **10.18** $L(s) = k/\{s(s+1)\}$の根軌跡

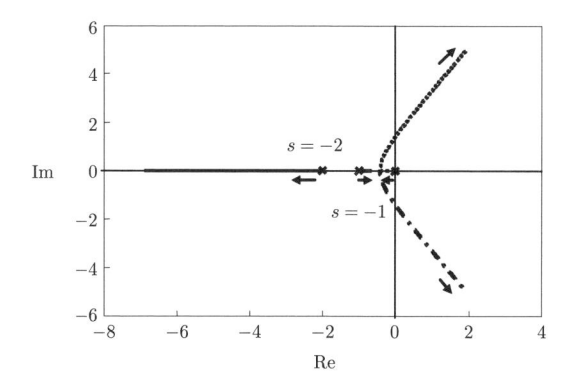

図 10.19　$L(s) = k/\{s(s+1)(s+2)\}$ の根軌跡

ような $k > 0$ に対しても閉ループ系は安定である.

例 2　$L(s) = k/\{s(s+1)(s+2)\}$ の根軌跡を描き, $\zeta = 0.5$ となる k を設計する. 次に安定限界となる k を求める. 根軌跡を図 10.19 に示す. $k = 1.035$ のとき $\zeta = 0.5$ となる. また, 安定限界は $k = 6$ である.

10.7　拡大系とモデルマッチング制御

10.5 節では P 制御, PI 制御, PID 制御系の設計例を見てきた. 比例制御項, (疑似)微分制御項, 積分制御項の働きは直観的に理解しやすいが, 閉ループ系を安定にするコントローラのゲインを見つけるには試行錯誤を要する. 以下に紹介するモデルマッチング制御系では, 閉ループ系の極を設計者が任意に指定することができる[*7]. 極の位置が任意に指定できるので, コントローラの設計問題はロバスト性や耐外乱性などの制御仕様を達成するには, 左半平面のどこに閉ループ極を指定すればよいかを探すこととなる. さらに, モデルマッチング制御系は, 目標値応答特性と閉ループ特性とを別々に設計できる. モデルマッチング制御系のように, 目標値応答を設計する自由度と, 耐外乱性を設計する自由度がそれぞれ一つずつある制御系を, 2 自由度制御系という. 10.5 節に述べた PID 制御系は, 目標値応答と他の特性とを別々に設計できないので, 1 自由度制御系である.

[*7]　ただし, 制御対象の伝達関数が有理多項式で表される場合である. 例題のように伝達関数がむだ時間を含む場合には, 近似的に極を指定することになる.

また，内部モデル原理は，以下に述べる拡大系の手法を用いればモデルマッチング制御に容易に応用することができる．

10.7.1 2自由度制御系

一般的な2自由度制御系を図 10.20 に示す．2自由度制御系の特徴は，目標値 r が，補償要素 F を介して閉ループ系に入力されることである．この制御系で，制御対象 P と補償要素 K_1，および K_2 の一部とが閉ループを構成している．2自由度制御系の一例として，K_2 が完全に閉ループ系に含まれ

$$u(s) = K_2(s)\{v(s) - z(s)\}$$

となる場合を考えよう．ここで，K_1, K_2 は，1自由度制御系のフィードバックコントローラ K を

$$K(s) = K_2(s)K_1(s)$$

と，適当に分割した補償要素となる．d や n に対する u や y の応答は K をどのように設計するかで決まる．

目標値 r に対する制御量 y を，望ましい応答特性を有する規範モデルの応答に一致させることを考える．v に対する y の応答は

$$y(s) = \frac{P(s)K_2(s)}{1+P(s)K(s)}v(s)$$

と表される．r に対する望ましい応答は，規範モデル R を用いて

$$y(s) = R(s)r(s) \tag{10.17}$$

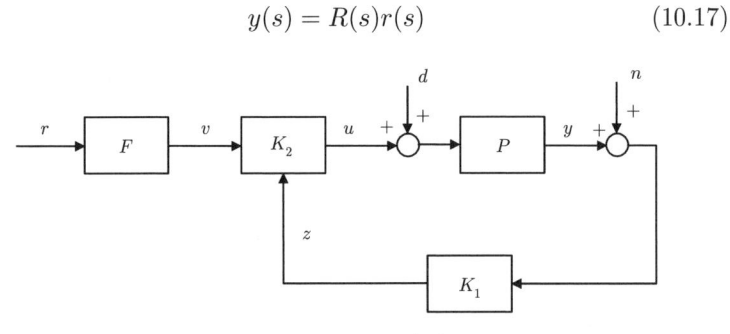

図 10.20　2自由度制御系

と表されるとする．そこで

$$F(s) = R(s)\frac{1+P(s)K(s)}{P(s)K_2(s)}$$

とすれば，2自由度制御系の r から y への伝達関数は R となり，(10.17) 式と同じ目標値応答が得られる．

ただし，F は，信号 v が発散しないために安定な補償要素でなければならず，かつ，実装するためにはプロパな伝達関数とならなければならない．F は**前置補償器**と呼ばれる．

10.7.2 モデルマッチング制御

2自由度制御系の一つであるモデルマッチング制御系を図 10.21 に示す．いま，P の伝達関数は n 次で，極零相殺はなく，P の零点はすべて複素左半平面にあると仮定する．

図 10.20 と比較すると

$$K_1(s) = L(s), \quad K_2(s) = \frac{1}{1+M(s)}$$

の関係が成り立つ．一巡伝達関は1自由度制御系の場合 PK であった．モデルマッチング制御系の一巡伝達関数は，ノイズ n の加え合わせ点で閉ループを切り開き

$$P(s)\frac{L(s)}{1+M(s)} \tag{10.18}$$

となる．

具体的には，M，L は次のようにおく．

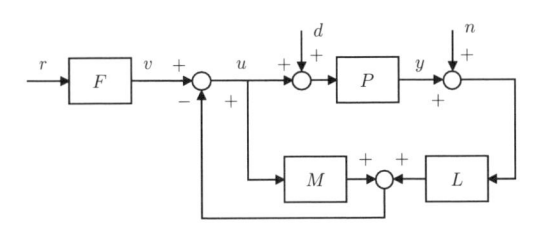

図 10.21 モデルマッチング制御系

$$M(s) = \frac{m(s)}{q(s)}, \quad L(s) = \frac{\ell(s)}{q(s)}$$

q, m, ℓ は実数を係数とする s の多項式,q は n 次の多項式で,モニック[*8)]とする.特に

$$q(s) = 0$$

の根は,後述するようにモデルマッチング制御系の閉ループ極の一部となるので,複素左半平面の望ましい位置になるように選ぶ.制御対象は

$$P(s) = \frac{b(s)}{a(s)}$$

と表す.ここで a, b は多項式,a は次数 n でモニックである.定義した多項式を用いると v に対する y の応答は

$$y(s) = \frac{q(s)b(s)}{\{q(s)+m(s)\}a(s)+\ell(s)b(s)} v(s) \tag{10.19}$$

と表される.m, ℓ は,n 次のモニックな多項式 $p(s)$ を導入し

$$\{q(s)+m(s)\}a(s)+\ell(s)b(s) = q(s)p(s) \tag{10.20}$$

を解いて求める.(10.20) 式は **Diophantine 方程式**と呼ばれ,m, ℓ は一意に定まることが知られている.q は n 次の多項式としたが,$n-1$ 次の多項式とすることも可能である.

m, ℓ を以上のように定めると,$p(s) = 0$ の根もまた,モデルマッチング制御系の閉ループ極となる.$p(s) = 0$ の根は設計パラメータであり,制御系を安定にするために複素左半平面に選ぶ.

以上より,v から y までの伝達関数は

$$y(s) = \frac{q(s)b(s)}{q(s)p(s)} v(s)$$

となる.ここで,分子と分母の q が極零相殺されることに注意されたい.また,極零相殺ののちに残る分子多項式は b であり,制御対象の伝達関数の分子多項

[*8)] 最大次数の項の係数が 1 である多項式.

式と同じである．分子多項式が同じなので，v から y までの伝達関数と制御対象との零点は共通である．一般にフィードバック補償では，制御対象の極は置き換えられても，零点は変えられないことが知られている．目標値 r から y への伝達関数の零点を別の零点に置き換えるには，フィードフォワード補償が必要である．

多項式 a_r，b_r を用い，規範モデルを

$$R(s) = \frac{b_r(s)}{a_r(s)}$$

と表す．ここで R は安定，すなわち $a_r = 0$ の根は複素左半平面に選ぶ．さらに，a_r は n 次でモニックであるとする．

ここでは，前置補償器 F を用いて零点を置き換える．

$$F(s) = \frac{b_r(s)p(s)}{a_r(s)b(s)} \tag{10.21}$$

と選ぶと，極零相殺の結果

$$y(s) = \frac{b_r(s)}{a_r(s)} r(s)$$

となり，r に対する y の応答を規範モデルの応答と一致させることができる．

一方，d，n に対する y の応答は

$$y(s) = \frac{\{q(s) + m(s)\}b(s)}{p(s)q(s)} d(s) + \frac{\{q(s) + m(s)\}a(s)}{p(s)q(s)} n(s) \tag{10.22}$$

となる．(10.22) 式からモデルマッチング制御系の閉ループ極は

$$p(s) = 0, \quad q(s) = 0$$

の根であることが確かめられる．

F をコントローラの一部として実装するためには，F はプロパな伝達関数である必要がある．R の相対次数を P の相対次数以下とすると，F はプロパな伝達関数となる．

制御対象が複素右半平面に零点を持つ場合： (10.21) 式において，P の零点がすべて複素左半平面にあると仮定した．P の零点，すなわち $b(s) = 0$ の根が右半平面にある場合は，b は F の分母多項式の因子となる．F は不安定な伝達関数となり，v が発散するので安定な制御系を構成できない．その解決策の一つは，規範モデルの零点が P の複素右半平面の零点をすべて含むように選び，F を安定にすることである．P の複素右半平面のすべての零点を $s = \gamma_1, \gamma_2, \cdots, \gamma_k$ とし

$$b^+(s) = (s - \gamma_1)(s - \gamma_2) \cdots (s - \gamma_k)$$

とおく．ここで k は P の複素右半平面の零点の個数である．b は

$$b(s) = b^+(s) b^-(s)$$

のように因数分解が可能である．ここで $b^- = 0$ の根はすべて複素左半平面にある．規範モデルの分子多項式は

$$b_r(s) = b_r^-(s) b^+(s)$$

とし，$b_r^-(s) = 0$ の根をすべて複素左半平面に選ぶ．前置補償器を

$$F(s) = \frac{b_r^-(s) p(s)}{a_r(s) b^-(s)}$$

とすれば，F は安定でプロパな伝達関数であり，r に対する y の応答は規範モデルの応答に一致する．

10.7.3 拡大系と制御系設計

モデルマッチング制御系が構成できれば，閉ループ極を任意の位置に設定し，目標値応答を規範モデルの応答に一致させることができる．拡大系を用いて，モデルマッチング制御系設計に一巡伝達関数の周波数整形法や内部モデル原理を導入する．

ある補償要素 W を制御対象に直列に接続することを，制御対象を拡大するという．制御対象 P に対し PW を拡大系という．次のような設計手順が可能である．

10.7 拡大系とモデルマッチング制御

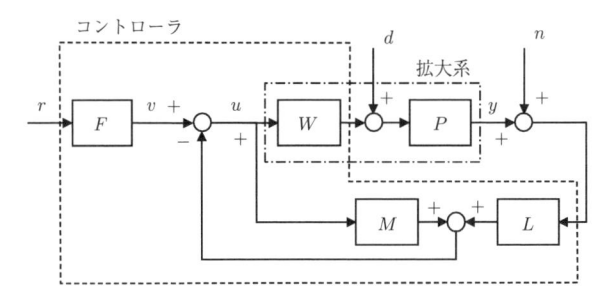

図 10.22 拡大系を用いたモデルマッチング制御系

1) 一定値をとる目標値や外乱に対し，定常誤差を 0 とする設計仕様があるならば，W の極の一つを $s=0$ に設定する．
2) 観測雑音がある周波数帯域に存在し，影響が大きい場合，その周波数帯域でゲインが低いフィルタを W の直列要素とする．
3) PW を制御対象と考え，モデルマッチング制御系を構成する．実際のコントローラは図 10.22 の破線で囲った部分である．

W は閉ループ系の中で P に直列に挿入される補償要素となるので，W の極はそのままコントローラの極となる．W には，例えば10.4節で紹介した補償要素，ローパスフィルタ，積分器，PIコントローラなどが選ばれる．

10.7.4 拡大系を用いたモデルマッチング制御系の設計例

第9章で扱った

$$y(s) = \frac{1}{0.1s+1}\{e^{-0.02s}u(s) + d(s)\}$$

を例に，拡大系を用いたモデルマッチング制御系を設計する．

a. むだ時間の近似

前節に示したモデルマッチング制御系の設計法は，制御対象がむだ時間を持つ場合には適用できない．そこでまず，$e^{-0.02s}$ をパデ近似する．1次のパデ近似により

$$e^{-0.02s} \simeq \frac{-0.01s+1}{0.01s+1}$$

と近似される．近似された制御対象を

$$\tilde{P}(s) = \frac{-0.01s+1}{0.01s+1}\frac{1}{0.1s+1}$$

とおく．零点に $s=1/0.01$ が現れ，$\tilde{P}$ は非最小位相系となることに注意して設計を進める．

b. PI 補償器による拡大

制御対象は無駄時間を持ち，位相進み補償が有効であった．また，ここでは定常偏差を 0 とするため，1 型のサーボ系を構成することとする．そこで，W は PI 補償器とする．$k_1 > 0$，$k_2 > 0$ を設計パラメータとし，

$$W(s) = \frac{k_1 s + k_2}{s}$$

とする．拡大系は

$$W(s)\tilde{P}(s) = \frac{k_1 s + k_2}{s}\frac{-0.01s+1}{0.01s+1}\frac{1}{0.1s+1}$$

であり，前節の記号を用いると

$$b^-(s) = k_1 s + k_2, \quad b^+(s) = -0.01s+1, \quad a(s) = s(0.01s+1)(0.1s+1)$$

である．

c. 規範モデルの設定

いま，拡大系の分子多項式には因子 $-0.01s+1$ があり，非最小位相系である．拡大系の相対次数は 1 なので，規範モデルの伝達関数は相対次数 1 とし，制御対象と共通の複素右半平面の零点を与える．規範モデルは

$$R(s) = \frac{(-0.01s+1)\omega_r^2}{s^2 + 2\zeta_r \omega_r s + \omega_r^2}$$

とする．すなわち

$$b_r^- = \omega_r^2, \quad a_r(s) = s^2 + 2\zeta_r \omega_r s + \omega_r^2$$

と選ぶ．ここで ζ_r，ω_r は設計者が決める設計パラメータである．

d. 応答性の設計

$p(s)$, $q(s)$ は 3 次の多項式とする.前置補償器は

$$F(s) = \frac{\omega_r^2 p(s)}{(k_1 s + k_2)(s^2 + 2\zeta_r \omega_r s + \omega_r^2)}$$

である.以下のように設計パラメータを選ぶ.

$$\omega_r = 50 \text{ rad/s}, \quad \zeta_r \omega_r = \sqrt{2}/2, \quad k_1 = 0.04, \quad k_2 = 1$$

$$q(s) = p(s) = (s + 1000)(s + 27)(s + 28)$$

このとき (10.20) 式を解いて

$$m(s) = 9.450 \times 10^2 s^2 + 9.4884 \times 10^5 s + 2.3126 \times 10^7$$

$$\ell(s) = 2.6536 \times 10^3 s^2 + 4.3275 \times 10^7 s + 5.7154 \times 10^8$$

を得る.

一巡伝達関数は (10.18) 式から計算できる.一巡伝達関数を図 10.23 に示す.

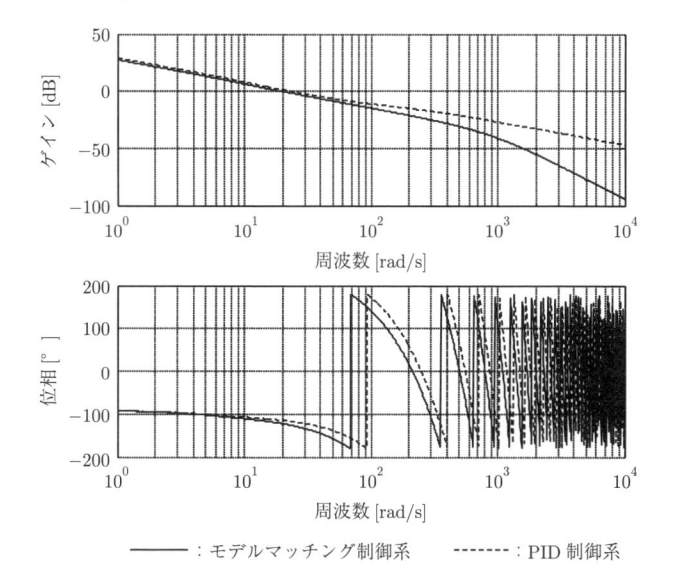

図 **10.23** モデルマッチング制御系の一巡伝達関数
破線は PID 制御系.

比較のため,前章で設計したPID制御系の一巡伝達関数を同図に示す.PID制御系に対し,設計したモデルマッチング制御系の一巡伝達関数は高周波数帯域で減衰が1傾斜大きい.これは,PIDコントローラの相対次数が0にあるのに対し,設計したモデルマッチングコントローラの閉ループ部分の相対次数が1であるためである.このモデルマッチング制御系のゲイン余裕は11.6[dB],位相余裕は58.5[°]である.

目標値に対するステップ応答応答を図10.24に示す.外乱に対する応答も調べるため,$t = 0.5$以降に外乱$d = 0.5$を入力した.むだ時間要素をパデ近似して設計したため,目標値応答は規範モデルの応答と正確には一致していない.制御対象をPI補償器で拡張して制御系を設計したので,コントローラには$s = 0$に極が1個あり,1型サーボ系となっている.そのため,目標値やステップ状の

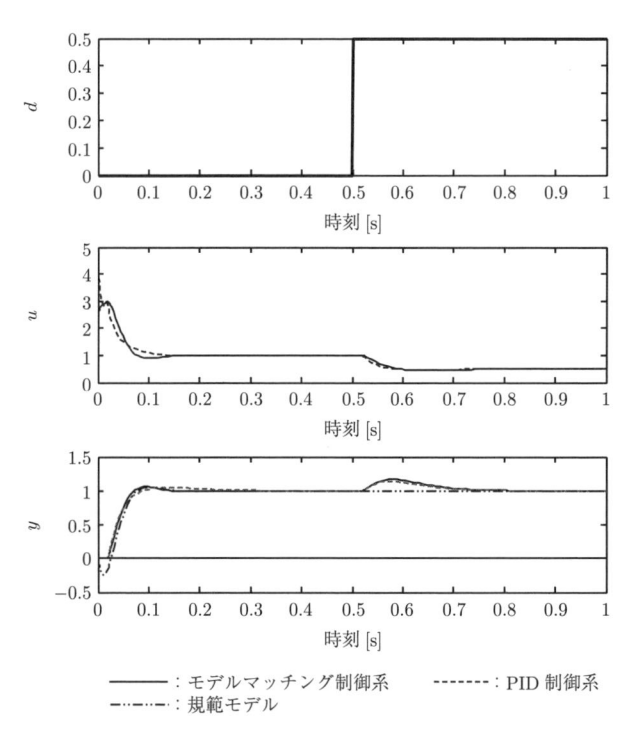

図 10.24 モデルマッチング制御系のステップ応答
破線はPID制御系.

外乱に対して制御誤差が 0 に収束している．PID 制御系に対しては，目標値に対する制御量の収束が応答が若干速くなっている．図 10.24 のシミュレーション結果には現れていないが，モデルマッチング制御系の一巡伝達関数は，制御帯域外でゲインが大きく低下しており，PID 制御系に比べ高周波帯域のノイズの影響を受けにくいと考えられる．

演習問題

10.1 図 10.3 の制御系を考える．$d=0$, $n=0$ と仮定し，$r=1/(s^2+1)$ であるとする．K の伝達関数の分子が s^2+1 を含まない場合，e が 0 に収束する可能性を考察せよ．もし，e が 0 に収束するとすれば，どのような場合か挙げよ．

10.2 図 10.3 の制御系を考える．制御対象の伝達関数を $1/s^3$ とする．コントローラ K に PID 制御

$$K(s) = k_P + \frac{k_I}{s} + k_D \frac{s}{\epsilon s + 1}$$

を用いた場合の閉ループ系の特性多項式を計算せよ．次に，このコントローラを用いた場合，閉ループ極を任意の位置に設計できるかどうかを考察せよ．

10.3 111 ページでは，むだ時間を 1 次のパデ近似と仮定して有理関数型の伝達関数とした．2 次のパデ近似を用い，モデルマッチング制御系を再設計せよ．また，むだ時間を無視してモデルマッチング制御系を設計する場合の問題点を検討せよ．

10.4 観測雑音が白色雑音であると仮定し，101 ページの PID 制御系と，111 ページのモデルマッチング制御系との雑音に対する応答を比較せよ．

11. 数学的な事項

11.1 複 素 数

11.1.1 複素数の定義

複素数全体の集合を C, 実数全体の集合を R とする. 複素数 z を次のように定義する.

$$z = z_R + jz_I, \quad z \in C$$

ここで $z_R \in R$, $z_I \in R$, j は虚数単位であり, $j^2 = -1$ あるいは $j = \sqrt{-1}$ である. z_R を z の実部, z_I を z の虚部という.

$$z_R = \mathrm{Re}[z], \quad z_I = \mathrm{Im}[z]$$

と表す. z の虚部の符号を反転した

$$z^* = z_R - jz_I$$

を z の共役複素数という. z の絶対値を次のように定義する.

$$|z| = \sqrt{z^*z} = \sqrt{z_R^2 + z_I^2}$$

11.1.2 複素平面と極座標表示

横軸を実部, 縦軸を虚部とした平面を複素数 (図 11.1) という. 複素平面に表示すると, $|z|$ は原点から z までの距離を表す. また, z の偏角を

$$\theta = \tan^{-1} \frac{z_I}{z_R}$$

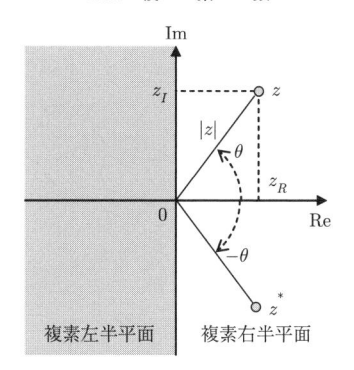

図 11.1 複素平面

と表す．偏角のことを位相ともいう．

z は
$$z = |z|(\cos\theta + j\sin\theta)$$
のように極座標表示することができる．

複素平面で $\mathrm{Re}[z] < 0$ の半平面を複素左半平面，$\mathrm{Re}[z] > 0$ の半平面を複素右半平面という．

11.1.3 オイラーの公式

オイラーの公式
$$e^{j\theta} = \cos\theta + j\sin\theta$$
を用いると z は
$$z = |z|e^{j\theta}$$
と極座標表示される．z の共役複素数は
$$z^* = |z|(\cos\theta - j\sin\theta) = |z|e^{-j\theta}$$
と表される．複素平面上に表示すると，z と z^* とは互いに実軸について対称の位置にある．

極座標表示より二つの複素数 $z_1 = |z_1|e^{j\theta_1}$，$z_2 = |z_2|e^{j\theta_2}$ の積と商はそれぞれ

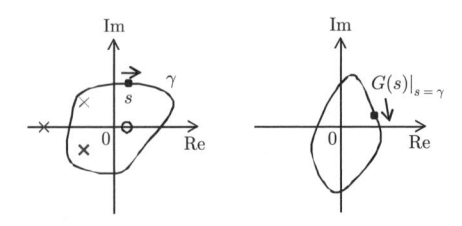

図 11.2 偏角の原理
左の図で γ は閉曲線, × は $G(s)$ の極, ○ は $G(s)$ の零点を示す.

$$z_1 z_2 = |z_1||z_2| e^{j(\theta_1 + \theta_2)}, \quad \frac{z_1}{z_2} = \frac{|z_1|}{|z_2|} e^{j(\theta_1 - \theta_2)}$$

と表される.

オイラーの公式より偏角を用いて, 次の関係が成り立つ.

$$\sin\theta = \frac{e^{j\theta} - e^{-j\theta}}{2j}$$

$$\cos\theta = \frac{e^{j\theta} + e^{-j\theta}}{2}$$

11.1.4 偏角の原理

区分的に連続な閉曲線で, 自分自身と交差しない閉曲線を Jordan 閉曲線という. 複素関数について, 次の偏角の原理が知られている.

偏角の原理: 複素関数 $G(s)$ は, 極以外の点では正則であるとする. $G(s)$ は複素平面上の Jordan 閉曲線 γ の内側に P 個の極と Z 個の零点を持つとする. s を γ 上に 1 周させると, $G(s)$ は複素平面上で $s = 0$ の周囲を $Z - P$ 回, 時計回りに回転する (図 11.2 参照).

例えば, 有理関数は極以外の点で正則なので, 偏角の原理を適用することができる[*1].

11.2 三 角 不 等 式

複素数, ベクトルなどの和は次の三角不等式を満たす.

$$|x + y| \leq |x| + |y|$$

[*1] 詳細は例えば, 田村捷利ほか, システム制御のための数学, コロナ社 (2002) を参照.

x, y を複素数あるいはベクトルと考えれば，三角不等式は，三角形の 2 辺の長さの和が他の 1 辺の長さ以上になることに対応する．

11.3 線形関数

次の性質を持てば，関数 f は線形関数である．

関数 $f(x)$ の定義域を集合 X，値域を集合 Y とする．任意の x_1, $x_2 \in X$ に対し，$y_1 = f(x_1) \in Y$, $y_2 = f(x_2) \in Y$ とする．任意の複素数 c_1, c_1 に対し

$$c_1 y_1 + c_2 y_2 = f(c_1 x_1 + c_2 y_2) \in Y \qquad (11.1)$$

が成り立つ．

例：x, y をスカラとする．$y = kx$ は線形関数である．ここで k は任意の定数である．

11.4 部分積分の公式

2 つの関数 u, v に関わる積分に，次の公式が知られている．

$$\int_a^b \left\{ \frac{d}{dx} u(x) \right\} v(x) dx = u(x) v(x) \big|_a^b - \int_a^b u(x) \left\{ \frac{d}{dx} v(x) \right\} dx \qquad (11.2)$$

11.5 一次独立な関数

$c_i\,(i = 1, 2, \cdots n)$ を定数とする．関数 y_1, y_2, $\cdots$, y_n の線形結合

$$c_1 y_1(t) + c_2 y_2(t) + \cdots + c_n y_n(t)$$

が恒等的に 0 となるのが $c_i = 0\,(i = 1, 2, \cdots n)$ の場合に限られるとき，y_1, y_2, $\cdots$, y_n は互いに一次独立であるという．言い換えると，互いに一次独立であれば，どの $y_i\,(i = 1, 2, \cdots)$ も，他の $y_k\,(k \neq i)$ の線形結合で表すことはできない．

例えば，$\sin t$ と $\cos t$ との線形結合 $c_1 \sin t + c_2 \cos t$ は，$c_1 = -c_2$ とと

れば $t = \pi/4$ のとき 0 となる．しかし c_1, c_2 をどのようにとっても，必ず $c_1 \sin t + c_2 \cos t \neq 0$ となる時刻が存在するので，$\sin t$ と $\cos t$ とは 1 次独立である．

$\lambda_i\,(i = 1, 2, \cdots, n)$ が相異なる定数であるとき

$$e^{\lambda_1 t}, e^{\lambda_2 t}, \cdots, e^{\lambda_n t}, \cdots$$

は一次独立である．また

$$e^{\lambda t},\ te^{\lambda t},\ t^2 e^{\lambda t},\ \cdots, t^i e^{\lambda t}, \cdots$$

も互いに一次独立である．

11.6　定係数線形常微分方程式の解法

次の定係数線形常微分方程式を考える．

$$\begin{aligned}y^{(n)}(t) + a_{n-1} y^{(n-1)}(t) + \cdots + a_1 y^{(1)}(t) + a_0 y(t) \\ = b_0 u(t)\end{aligned} \tag{11.3}$$

ここで，$y^{(n)}$ は y の n 階微分 $d^n y(t)/dt^n$ を表す．$a_i \in R\,(i = 0, 1, \ldots, n-1)$ および b_0 は定数である．t は時刻を表す変数とする．

(11.3) 式の一般解は，(11.3) 式を満たすある特別な関数である**特殊解** y_s と，(11.3) 式の右辺を 0 とおいた微分方程式

$$y^{(n)}(t) + a_{n-1} y^{(n-1)}(t) + \cdots + a_1 y^{(1)}(t) + a_0 y(t) = 0 \tag{11.4}$$

を満たす互いに一次独立な関数 $y_i(i = 1, 2, \cdots, n)$ の線形結合

$$y_c(t) = c_1 y_1(t) + \cdots + c_n y_n(t)$$

との和

$$y(t) = y_s(t) + y_c(t)$$

となる．y_c を斉次解という．ここで $c_i\,(i = 1, 2, \cdots, n)$ は初期値に依存する定数である．

11.6.1 解　　法

$u(t)$ と初期値 $y^{(n-1)}(0)$, $y^{(n-2)}(0)$, ..., $y(0)$ が与えられているとき，解 $y(t)(t>0)$ は次の手順で解くことができる．

特殊解の求め方

$u(t)$ が特別な関数である場合，特殊解は容易に求まる．例えば u が $t \geq 0$ で一定値 c をとる場合

$$u(t) = \begin{cases} 0, & t < 0 \\ c, & t \geq 0 \end{cases}$$

特殊解は $u^{(i)} = 0 \, (i=1,2,\cdots,m)$ より

$$y_s = \frac{b_0}{a_0}c$$

ととることができる．

また，

$$u(t) = \begin{cases} 0, & t < 0 \\ e^{\lambda t}, & t \geq 0 \end{cases}$$

の場合は c を未定係数として

$$y_s(t) = ce^{\lambda t}$$

とすればよい．c は上式を (11.3) 式に代入して

$$(\lambda^n + a_{n-1}\lambda^{n-1} + \cdots + a_0)ce^{\lambda t} = b_0 e^{\lambda t}$$

より

$$c = \frac{b_0}{\lambda^n + a_{n-1}\lambda^{n-1} + \cdots + a_0}$$

である．

斉次解の求め方

斉次解は次のように求めることができる．$y = e^{\lambda t}$ とおく，これを (11.4) 式に代入すると，$y^{(i)} = \lambda^i y$ であるから

$$(\lambda^n + a_{n-1}\lambda^{n-1} + \cdots + a_0)e^{\lambda t} = 0$$

を得る．$e^{\lambda t} \neq 0$ であるから上式は $e^{\lambda t}$ で割って

$$\lambda^n + a_{n-1}\lambda^{n-1} + \cdots + a_0 = 0 \tag{11.5}$$

と等価である．(11.5) 式を**斉次方程式**あるいは**特性方程式**という．斉次方程式の根 $\lambda_i\,(i=1,2,\cdots,n)$ が相異なれば，$e^{\lambda_i t}$ は互いに一次独立であり (11.4) 式を満たすので

$$y_i = e^{\lambda_i t}, \quad i = 1, 2, \cdots, n$$

とすればよい．

一般的には (11.5) 式は次のように因数分解される．

$$(\lambda - \lambda_1)^{\ell_1}(\lambda - \lambda_2)^{\ell_2} \cdots (\lambda - \lambda_p)^{\ell_p} = 0$$

ここで，$\ell_i\,(i=1,2,\cdots,p)$ は λ_i が特性方程式の ℓ_i 重根であることを示す整数であり

$$\sum_{i=1}^{p} \ell_i = n$$

である．λ_i が ℓ_i 重根である場合，対応する斉次解は

$$e^{\lambda_i t}, \quad te^{\lambda_i t}, \quad t^2 e^{\lambda_i t}, \quad \cdots t^{\ell_i} e^{\lambda_i t}$$

の線形結合とすればよい．

したがって，斉次解は一般的には次のように表される．

$$y_c(t) = \sum_{i=1}^{p}\sum_{q=1}^{\ell_i} c_{iq} t^{q-1} e^{\lambda_i t}$$

係数 c_{iq} は，次に述べるように初期値に応じて決定する．微分方程式 (11.3) の解は一般的に次の形式となる．

$$y(t) = y_s(t) + \sum_{i=1}^{p}\sum_{q=1}^{\ell_i} c_{iq} t^{q-1} e^{\lambda_i t} \tag{11.6}$$

斉次解の係数 c_{iq} が決定されれば解が完成する．次式に示すように，c_{iq} は解

が初期値を満たすように決定する．

$$y_s(0) + y_c(0) = y(0)$$
$$y_s^{(1)}(0) + y_c^{(1)}(0) = y^{(1)}(0)$$
$$\vdots$$
$$y_s^{(n-1)}(0) + y_c^{(n-1)}(0) = y^{(n-1)}(0)$$

例題1：1階の定係数常微分方程式
次の微分方程式の解法の一例を示す．

$$y^{(1)}(t) + a_0 y(t) = b_0 u(t), \quad y(0) = y_0$$
$$u(t) = \begin{cases} 0, & t < 0 \\ 1, & t \geq 0 \end{cases}$$

ただし y_0 は定数とする．$y^{(1)} + a_0 y = 0$ から斉次解を求める．$y = e^{\lambda t}$ とおくと

$$\lambda e^{\lambda t} + a_0 e^{\lambda t} = 0$$
$$(\lambda + a_0) e^{\lambda t} = 0$$
$$\lambda = -a_0$$

次に特殊解は $y_s = c$ とおくと

$$y_s^{(1)}(t) = 0,$$
$$a_0 c = b_0, \quad t \geq 0$$
$$c = \frac{b_0}{a_0}$$

斉次解と特殊解とを初期値の条件を満たすように線形結合する．k を未知の定数とおき

$$y(t) = k e^{-a_0 t} + \frac{b_0}{a_0}$$

とおく．$y(0) = y_0$ より

$$y(0) = k + \frac{b_0}{a_0} = y_0$$
$$k = y_0 - \frac{b_0}{a_0}$$

よって解は
$$y(t) = \begin{cases} 0, & t < 0 \\ \left(y_0 - \dfrac{b_0}{a_0}\right)e^{-a_0 t} + \dfrac{b_0}{a_0}, & t \geq 0 \end{cases}$$
となる．

例題 2：2 階の定係数常微分方程式

次の微分方程式の解法の一例を示す．

$$y^{(2)}(t) + 2y^{(1)}(t) + 5y(t) = 5u(t),$$
$$y(0) = 0,\ y^{(1)}(0) = 0$$
$$u(t) = \begin{cases} 0, & t < 0 \\ 1, & t \geq 0 \end{cases}$$

$y = e^{\lambda t}$ とおくと斉次方程式は

$$\lambda^2 + 2\lambda + 5 = 0$$

となる．この根は $\lambda = -1 \pm 2j$ である．一方，特殊解の一つは $y_s = 1$ である．解は，未知定数 k_1, k_2 を用いて

$$y(t) = \begin{cases} 0, & t < 0 \\ e^{-t}\left(k_1 e^{j2t} + k_2 e^{-j2t}\right) + 1, & t \geq 0 \end{cases}$$

と書ける．ここで y が実数であることから k_1, k_2 は互いに共役複素数の関係にあることに注意されたい．オイラーの公式を用いて

$$k_1 e^{j2t} + k_2 e^{-j2t} = k_1(\cos 2t + j\sin 2t) + k_2(\cos 2t - j\sin 2t)$$
$$= (k_1 + k_2)\cos 2t + j(k_1 - k_2)\sin 2t$$

と書けるから $c_1 = k_1 + k_2$, $c_2 = j(k_1 - k_2)$ とおくと

$$y(t) = e^{-t}(c_1 \cos 2t + c_2 \sin 2t) + 1,\ t \geq 0$$

初期値を満たすように c_1, c_2 を求める．

$$y(0) = c_1 + 1 = 0$$
$$y^{(1)}(0) = -c_1 + 2c_2 = 0$$
$$c_1 = -1, \quad c_2 = -\frac{1}{2}$$

以上より解は

$$y(t) = \begin{cases} 0, & t < 0 \\ -e^{-t}\left(\cos 2t + \frac{1}{2}\sin 2t\right) + 1, & t \geq 0 \end{cases}$$

となる.

練習問題 1

次の微分方程式を解け.

$$y^{(2)}(t) + 2y^{(1)}(t) + y(t) = u(t),$$
$$y(0) = 0, \ y^{(1)}(0) = 0$$
$$u(t) = \begin{cases} 0, & t < 0 \\ 1, & t \geq 0 \end{cases}$$

ヒント：斉次方程式は重根 $\lambda = -1$ を持つので斉次解は e^{-t}, te^{-t} の線形結合となることに注意する.

11.7 $t^n e^{-at}$ の絶対可積分性

a を複素数とする. $t^n e^{-at}\,(n=1,2,\cdots)$ は

- a の実部が正であるとき絶対可積分, すなわち, ある正の定数 c が存在し

$$\int_0^\infty |t^n e^{-at}| dt < c$$

である.

- a の実部が 0 または負のとき, 上式は発散するので, 絶対可積分とはならない.

証明

$a = \alpha + j\beta$, α, β はともに実数とする.

- $\alpha > 0$ の場合. b を $0 < b < \alpha$ となるように選ぶ.

$$e^{bt} = 1 + bt + \frac{b^2}{2!}t^2 + \cdots + \frac{b^n}{n!}t^n + \cdots$$

であるから，定数 k を $k > n!/b^n$ と選ぶと $t \geq 0$ のとき，明らかに

$$ke^{bt} > t^n$$

となる．したがって

$$|t^n e^{-at}| < |ke^{bt}e^{-at}| = ke^{-(\alpha-b)t}$$

上式の両辺を積分すると $(\alpha - b) > 0$ であるから

$$\int_0^\infty |t^n e^{-at}|dt < k\int_0^\infty e^{-(\alpha-b)t}dt = \frac{k}{\alpha - b} < \infty$$

- $\alpha = 0$ の場合

$$\int_0^\infty |t^n e^{-at}|dt = \int_0^\infty |e^{j\beta t}|t^n dt = \int_0^\infty t^n dt = \infty$$

- $\alpha < 0$ の場合

$$|t^n e^{-at}| = t^n e^{-\alpha t}|e^{-j\beta t}| = t^n e^{-\alpha t}$$

となる． $|t^n e^{-at}| = t^n e^{-\alpha t}$, $\lim_{t \to \infty} t^n e^{at} = \infty$ であるから

$$\int_0^\infty |t^n e^{-at}|dt = \infty$$

また，以上から

$$\lim_{t \to \infty} t^n e^{-at} = \begin{cases} 0, & \alpha > 0 \\ \infty \text{ または不定}, & \alpha \leq 0 \end{cases}$$

であることがわかる.

11.8 ディラックのデルタ関数

11.8.1 定義と性質

ディラックのデルタ関数は単位インパルス関数とも呼ばれる．あるいは単にデルタ関数とも呼ばれる．デルタ関数は次のように定義される．

$$\delta(t) = \lim_{\varepsilon \to 0} \delta_\varepsilon(t)$$
$$\delta_\varepsilon(t) = \begin{cases} 0, & t < 0,\ t > \varepsilon \\ \dfrac{1}{\varepsilon}, & 0 \leq t \leq \varepsilon \end{cases} \quad (11.7)$$

デルタ関数は次の性質を持つ．

$$\int_0^\infty \delta(\tau) d\tau = 1 \quad (11.8)$$

$$\int_0^\infty f(\tau) \delta(\tau - t) d\tau = f(t) \quad (11.9)$$

ここで f は信号を表す関数，t は任意の実数である．(11.9) 式より $t = 0$ とおいて

$$\int_0^\infty f(\tau) \delta(\tau) d\tau = f(0) \quad (11.10)$$

が導かれる．

11.8.2 直観的な説明

直観的な方法で (11.8) 式の意味を考えてみよう．図 11.3 に示すように，δ_ε は継続時間 ε，高さ $1/\varepsilon$ の時間関数であるから，積分値は ε の値によらず 1 である．このことから，(11.8) 式が成り立つことが理解されよう．

次に (11.10) 式を考察する．図 11.3 に示すように，(11.10) 式は，δ_ε と f との積を時間で積分し，極限 $\varepsilon \to 0$ をとることを表している．f が，$t = 0$ の近傍で滑らかな関数であるとすれば，$\varepsilon \to 0$ としたとき，区間 $0 \leq t \leq \varepsilon$ で，$f(t) = f(0)$ と近似して差し支えない．すると，(11.10) 式は $f(0) \int \delta d\tau$ となり，積分値は $f(0)$ となる．

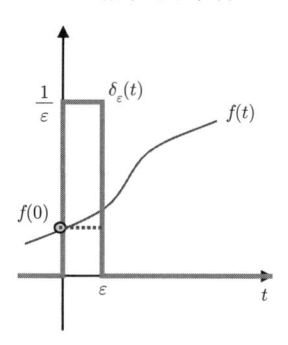

図 **11.3** デルタ関数の畳込み積分

11.8.3 テイラー展開を用いた説明

テイラー展開を用いると (11.10) 式は次のように説明することができる．

関数 $f(t)$ は $t=0$ の近傍で滑らかな関数であると仮定する．f は次のようにテイラー展開することができる．

$$f(t) = f(0) + f^{(1)}(0)t + \frac{1}{2}f^{(2)}(0)t^2 + \cdots$$

δ_ε は矩形波状の関数であるから，次のように積分区間を $[0,\infty]$ から $[0,\varepsilon]$ に変更して差し支えない．

$$\int_0^\infty f(t)\delta_\varepsilon(t)dt = \int_0^\varepsilon f(t)\frac{1}{\varepsilon}dt$$

上式を書き下すと次式を得る．

$$\begin{aligned}
\int_0^\varepsilon f(t)\frac{1}{\varepsilon}dt &= \frac{1}{\varepsilon}\int_0^\varepsilon \left(f(0) + f^{(1)}(0)t + \frac{1}{2}f^{(2)}(0)t^2 + \cdots\right)dt \\
&= \frac{1}{\varepsilon}\left(f(0)\left[t\right]_0^\varepsilon + f^{(1)}(0)\left[\frac{t^2}{2!}\right]_0^\varepsilon + \frac{1}{2}f^{(2)}(0)\left[\frac{t^3}{3!}\right]_0^\varepsilon + \cdots\right) \\
&= f(0) + f^{(1)}(0)\frac{\varepsilon}{2} + f^{(2)}(0)\frac{\varepsilon^2}{6} + \cdots
\end{aligned}$$

よって

$$\lim_{\varepsilon \to 0}\int_0^\infty f(t)\delta_\varepsilon(t)dt = \int_0^\infty f(t)\delta(t)dt = f(0)$$

を得る．

11.9 畳込み積分 (コンボリューション)

x と w とは t の関数であるとする．x と w との畳込み積分 z は次のように定義される．

$$z(t) = \int_0^t x(\tau) w(t-\tau) d\tau$$

ここで，τ は積分変数であり，z は t の関数であることに注意されたい．t を時刻とすれば，畳込み積分は二つの信号から一つの信号を作る操作であると考えることができる．畳込み積分を，コンボリューションとも呼ぶ．

畳込み積分は次のような性質を持つ．

1) x と w とを入れ替えても畳込み積分値は変わらない．すなわち

$$\int_0^t x(\tau) w(t-\tau) d\tau = \int_0^t x(t-\tau) w(\tau) d\tau$$

2) $x(t) = 0 \, (t < 0)$，$w(t) = 0 \, (t < 0)$ とすると，次のように積分区間を変更できる．

$$\int_0^t x(\tau) w(t-\tau) d\tau = \int_0^\infty x(\tau) w(t-\tau) d\tau$$
$$= \int_{-\infty}^\infty x(\tau) w(t-\tau) d\tau$$

1) の性質は積分変数を $\mu = t - \tau$ と変更すれば，次の計算から容易に導くことができる．積分区間 $[0, t]$ が変数変換により $[t, 0]$ に変わるので

$$\int_0^t x(\tau) w(t-\tau) d\tau = \int_t^0 x(t-\mu) w(\mu) (-d\mu)$$
$$= \int_0^t x(t-\mu) w(\mu) d\mu$$
$$= \int_0^t x(t-\tau) w(\tau) d\tau$$

2) の性質は図 11.4 より次のように理解されよう．畳込み積分は $x(\tau)$ と図の破線で示す $w(t-\tau)$ の積の積分である．$w(t-\tau)$ は，$w(\tau)$ を縦軸対称に反転し，右に t ずらした関数である．$w(t) = 0 \, (t < 0)$ から $w(t-\tau) = 0 \, (\tau > t)$

図 11.4 $w(\tau)$ と $w(t-\tau)$

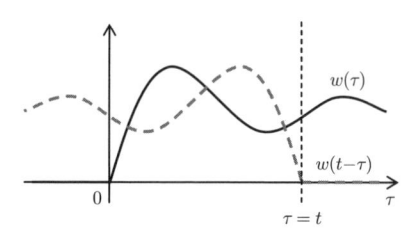

となるので，積分区間を $[0,t]$ から $[0,\infty]$ としても積分値は変わらない．同様に $x(\tau) = 0(\tau < 0)$ と仮定したので積分区間をさらに $[-\infty, \infty]$ としても積分値は変わらない．

11.10 フーリエ変換とラプラス変換

11.10.1 フーリエ変換

f は絶対可積分，すなわち

$$\int_{-\infty}^{\infty} |f(t)|\,dt < \infty$$

を満たす $t \in R$ の関数であるとする．f のフーリエ変換 $F(j\omega)$ は次のように定義される．

$$F(j\omega) = \int_{-\infty}^{\infty} f(t)e^{-j\omega t}dt \tag{11.11}$$

ここで ω は，$e^{-j\omega t}$ がオイラーの公式から $\sin\omega t$ と $\cos\omega t$ とに関連付けられることから角周波数と呼ぶ．f が絶対可積分であることを仮定したのは，(11.11) 式で表される積分の発散を防止するためである．フーリエ変換には逆変換が存在し，フーリエ逆変換という．フーリエ逆変換は次のように表される．

$$f(t) = \frac{1}{2\pi} \int_{-\infty}^{\infty} F(j\omega)e^{j\omega t}d\omega \tag{11.12}$$

(11.11)，(11.12) 式の右辺が表す積分値が一つに確定するということは，区間 $(-\infty, \infty)$ で定義された t の関数 $f(t)$ と，区間 $(-\infty, \infty)$ で定義された ω の関数 $F(j\omega)$ とが，1対1に対応していることを意味する．このことから，$f(t)$ と $F(j\omega)$ とはまったく等価な情報を持つと考えることができる．すなわち，t を変数として $f(t)$ と表した信号の別の表現が，角周波数 ω を変数とした $F(j\omega)$

である.$|F(j\omega)|$ は f のパワースペクトラムと呼ばれる.パワースペクトラムは,f の成分で,振動数が ω の複素振動子,$e^{j\omega t}$ の振幅と解釈することができる (フーリエ変換の定義 (11.11) 式を参照).

以後,表記を単純にするため,場合によって $x(t)$ のフーリエ変換を $F[x(t)]$ あるいは $F[x]$ と表す.

定義から $f(t)$ は実数でも,$F(j\omega)$ は複素数となることに注意されたい.

11.10.2 フーリエ変換と畳込み積分

x と w との畳込み積分をフーリエ変換すると,単にそれらのフーリエ変換 $F[x]$ と $F[w]$ との積となる.すなわち,次の式が導かれる.ただし $x = 0$,$t < 0$,$w = 0$,$t < 0$ とする.

$$z(t) = \int_0^t x(\tau)w(t-\tau)d\tau$$

とすると

$$F[z(t)] = F[x(t)]F[w(t)] \tag{11.13}$$

が成立つ.この関係は次の計算から容易に導かれる.

$$\begin{aligned}
F[z(t)] &= \int_{-\infty}^{\infty} \int_0^t x(\tau)w(t-\tau)d\tau \, e^{-j\omega t}dt \\
&= \int_0^{\infty} \int_0^{\infty} x(\tau)w(t-\tau)d\tau \, e^{-j\omega t}dt \\
&= \int_0^{\infty} \int_0^{\infty} x(\tau)w(t-\tau) \, e^{-j\omega t}d\tau dt \\
&= \int_0^{\infty} \int_0^{\infty} x(\tau)w(t-\tau) \, e^{-j\omega(t-\tau)}e^{-j\omega\tau}d\tau dt
\end{aligned}$$

ここで積分変数を $\eta = t - \tau$ と変換すると

$$\begin{aligned}
F[z(t)] &= \int_{-\tau}^{\infty} \int_0^{\infty} x(\tau)w(\eta) \, e^{-j\omega\eta}e^{-j\omega\tau}d\tau d\eta \\
&= \int_{-\tau}^{\infty} x(\eta) \, e^{-j\omega\eta} \left\{ \int_{-\infty}^{\infty} w(\tau)e^{-j\omega\tau}d\tau \right\} d\eta
\end{aligned}$$

$$= \int_{-\tau}^{\infty} x(\eta)e^{-j\omega\eta}d\eta F[w(t)]$$

$$= \int_{-\infty}^{\infty} x(\eta)e^{-j\omega\eta}d\eta F[w(t)]$$

$$= F[x(t)]F[w(t)]$$

11.10.3 ラプラス変換

フーリエ変換を用いれば，上に述べたように，1) 信号の周波数領域での性質を知ることができ，2) 畳込み積分を二つの関数の積として表せるなど便利である．しかしフーリエ変換が可能なのは絶対可積分な信号に限られる．ところが，定係数線形常微分方程式の解には $f(t) = e^{\lambda t}$，$\text{Re}(\lambda) > 0$ のように，$t \to \infty$ で発散し，絶対可積分ではない信号が現れることがある．そこで，時刻とともに指数的に減衰する信号 e^{-ct}，$c > \text{Re}(\lambda) > 0$ とかけ合わせて，$e^{-ct}f(t)$ を絶対可積分としたうえでフーリエ変換することが考えられる．ラプラス変換は上の考えのもとにフーリエ変換を拡張した変換とみることができる．関数 $f(t)$ のラプラス変換は次のように定義される．

$$f(s) = \int_0^{\infty} f(t)e^{-st}dt, \quad s = c + j\omega, \quad c > 0 \quad (11.14)$$

ここで c はある実数定数である．積分区間は $f(t) = 0$ $(t < 0)$ を仮定し，$-\infty$ を 0 と置き換えている．例えば，

$$f(t) = \begin{cases} 0, & t < 0 \\ e^{\lambda t}, & t \geq 0, \quad (\text{Re}(\lambda) > 0) \end{cases}$$

に対しては，$c > \text{Re}(\lambda)$ ととれば (11.14) 式は

$$\int_{-\infty}^{\infty} e^{(\lambda-c)t}e^{-j\omega t}dt$$

となり，絶対可積分な信号 $e^{(\lambda-c)t}$ のフーリエ変換に一致する．

以後，表記を簡単にするため，$f(t)$ のラプラス変換を $L[f]$ と表す．あるいは，自明な場合には単に $f(s)$ と表記する．

$L[f]$ から $f(t)$ への変換，すなわちラプラス逆変換を考える．$L[f]$ は $f(t)e^{-ct}$ のフーリエ変換であったから，$L[f]$ のフーリエ逆変換は $f(t)e^{-ct}$ である．フー

リエ逆変換の定義から

$$f(t)e^{-ct} = \frac{1}{2\pi}\int_{-\infty}^{\infty} L[f(t)]e^{j\omega t}d\omega$$

が得られる．両辺に e^{ct} をかけると

$$f(t) = \frac{1}{2\pi}\int_{-\infty}^{\infty} L[f(t)]e^{(c+j\omega)t}d\omega = \frac{1}{2\pi}\int_{-\infty}^{\infty} L[f(t)]e^{st}d\omega$$

積分変数を ω から $s = c + j\omega$ に変更すると，$d\omega = (1/j)ds$，積分区間は $(c-j\infty, c+j\infty)$ となる．ラプラス逆変換は次のように導かれる．

$$f(t) = \frac{1}{2\pi j}\int_{c-j\infty}^{c+j\infty} L[f(t)]e^{st}ds \tag{11.15}$$

11.11 ラプラス変換の諸性質

制御工学に有用なラプラス変換の応用を紹介する．

11.11.1 ラプラス変換の線形性

ラプラス変換の定義より，$x(s) = L[x(t)]$，$w(s) = L[w(t)]$ とすると，任意の定数 c_1, c_2 に対して

$$c_1 x(s) + c_2 w(s) = L[c_1 x(t) + c_2 w(t)] \tag{11.16}$$

が成り立ち，ラプラス変換は線形な変換であることがわかる．

11.11.2 畳込み積分とラプラス変換

畳込み積分のフーリエ変換に関する性質は，そのままラプラス変換に受け継がれている．すなわち $x(t)$ と $w(t)$ との畳込み積分

$$z(t) = \int_0^{\infty} x(t-\tau)w(\tau)d\tau$$

のラプラス変換は

$$L[z(t)] = L[x(t)]L[w(t)] \tag{11.17}$$

となる．上の (11.17) 式は (11.13) 式と同じ方法で導くことができる．

11.11.3 関数のラプラス変換

制御工学でよく用いられる関数のラプラス変換を導出する.

1) デルタ関数のラプラス変換.

$$\delta(s) = \int_0^\infty \delta(t)e^{-st}dt = 1 \tag{11.18}$$

上の結果は $e^{-s0}=1$ より明らかである.

2) 単位ステップ関数のラプラス変換. 本書では単位ステップ関数を h と表す. 単位ステップ関数は次のように定義される.

$$h(t) = \begin{cases} 0, & t < 0 \\ 1, & t \geq 0 \end{cases} \tag{11.19}$$

単位ステップ関数のラプラス変換は次のように導かれる.

$$h(s) = \int_0^\infty e^{-st}dt = -\frac{1}{s}\left[e^{-st}\right]_0^\infty = \frac{1}{s} \tag{11.20}$$

3) 単位ランプ関数のラプラス変換. 単位ランプ関数を本書では u_{ramp} と表す. 単位ランプ関数は次のように定義される.

$$u_{ramp}(t) = \begin{cases} 0, & t < 0 \\ t, & t \geq 0 \end{cases}$$

単位ランプ関数のラプラス変換は部分積分の公式を用いて次のように導かれる.

$$\begin{aligned} u_{ramp}(s) &= \int_0^\infty te^{-st}dt \\ &= -\frac{1}{s}\left[te^{-st}\right]_0^\infty + \int_0^\infty \frac{e^{-st}}{s}dt = \left[-\frac{e^{-st}}{s^2}\right]_0^\infty \\ &= \frac{1}{s^2} \end{aligned} \tag{11.21}$$

ここで, $s = c + j\omega\,(c > 0)$ であることから $t \to 0$ に対し $te^{-st} \to 0$, $e^{-st} \to 0$ を用いた.

4) $t^n e^{-at}\,(n = 0, 1, 2, \cdots)$ のラプラス変換. ここで a は複素数とする.

$$L[t^n e^{-at}] = n! \frac{1}{(s+a)^{n+1}} \tag{11.22}$$

上式は次の関係から導かれる.

$$\begin{aligned}
L[t^n e^{-at}] &= \int_0^\infty t^n e^{-(s+a)t} dt \\
&= \int_0^\infty t^n \frac{d}{dt}\left\{-\frac{1}{s+a} e^{-(s+a)t}\right\} dt \\
&= \left[-t^n \frac{1}{s+a} e^{-(s+a)t}\right]_0^\infty - \int_0^\infty (nt^{n-1})\left\{-\frac{1}{s+a} e^{-(s+a)t}\right\} dt \\
&= n\frac{1}{s+a} \int_0^\infty t^{n-1} e^{-(s+a)t} dt
\end{aligned}$$

5) 正弦波関数のラプラス変換. ω は角周波数とする.

$$L[\sin\omega t] = \frac{\omega}{s^2 + \omega^2} \tag{11.23}$$

上式は次のように導かれる. オイラーの公式より

$$\sin\omega t = \frac{1}{2j}(e^{j\omega t} - e^{-j\omega t})$$

を得る. このラプラス変換は (11.22) 式を用いて

$$\begin{aligned}
\frac{1}{2j} L[e^{j\omega t} - e^{-j\omega t}] &= \frac{1}{2j}\left\{\frac{1}{s-j\omega} - \frac{1}{s+j\omega}\right\} \\
&= \frac{\omega}{s^2+\omega^2}
\end{aligned}$$

6) $e^{-at}\sin\omega t$ のラプラス変換.

$$L[e^{-at}\sin\omega t] = \frac{\omega}{(s+a)^2 + \omega^2} \tag{11.24}$$

7) $e^{-at}\cos\omega t$ のラプラス変換.

$$L[e^{-at}\cos\omega t] = \frac{s+a}{(s+a)^2 + \omega^2} \tag{11.25}$$

11.11.4 関数の微分・積分とラプラス変換

関数 f の微分をラプラス変換すると次のように表される.

$$L\left[\frac{d}{dt}f(t)\right] = sf(s) - f(t)|_{t=0} \tag{11.26}$$

(11.26) 式は次のようにラプラス変換の定義式に部分積分の公式を適用して[*2)]導くことができる.

$$\begin{aligned}
f(s) &= \int_0^\infty f(t)e^{-st}dt \\
&= \left[-f(t)\frac{e^{-st}}{s}\right]_0^\infty + \int_0^\infty \frac{df(t)}{dt}\frac{e^{-st}}{s}dt = \left[-f(t)\frac{e^{-st}}{s}\right]_0^\infty + \frac{1}{s}L\left[\frac{df(t)}{dt}\right] \\
&= \frac{f(t)|_{t=0}}{s} + \frac{1}{s}L\left[\frac{df(t)}{dt}\right]
\end{aligned}$$

上式の両辺に s をかけ，整理すると (11.26) 式を得る．(11.26) 式を繰り返して用いると，次の n 階微分に関する式が得られる.

$$L\left[\frac{d^n}{dt^n}f(t)\right] = s^n f(s) - \sum_{i=1}^n s^{n-i} f^{(i-1)}(t)|_{t=0} \tag{11.27}$$

関数 f の積分はラプラス変換すると次のように表される.

$$L\left[\int_0^t f(\tau)d\tau\right] = \frac{f(s)}{s} \tag{11.28}$$

(11.28) 式はラプラス変換の定義式に，次のように部分積分の公式を適用して[*3)]導くことができる.

$$\begin{aligned}
f(s) &= \int_0^\infty f(t)e^{-st}dt \\
&= \left[e^{-st}\int_0^t f(\tau)d\tau\right]_0^\infty + s\int_0^\infty \left\{\int_0^t f(\tau)d\tau\right\}e^{-st}dt \\
&= s\int_0^\infty \left\{\int_0^t f(\tau)d\tau\right\}e^{-st}dt = sL\left[\int_0^t f(\tau)d\tau\right]
\end{aligned}$$

上式の両辺を s で割って整理すると (11.28) 式が得られる.

(11.26) 式より，$f(t)$ の初期値 $f(t)|_{t=0} = f^{(1)}(t)|_{t=0} \cdots = f^{(n-1)}(t)|_{t=0} = 0$

[*2)] (11.2) 式において $u = f$, $v = -e^{-st}/s$ とおく．
[*3)] (11.2) 式において $u = \int f$, $v = e^{-st}$ とおく．

ならば，t に関する $f(t)$ の n 階微分 $d^n f(t)/dt^n$ のラプラス変換は $s^n f(s)$ である．このとき s は微分演算子 d/dt と対応付けることができる．また，(11.28) 式から積分演算は，ラプラス変換では $1/s$ と対応付けることができる．s, $1/s$ はそれぞれ微分，積分と密接に関係するので，s を演算子とみなし**ラプラス演算子**と呼ぶ．

11.11.5 時間推移とラプラス変換

信号 $f(t)$ に対してある一定時間 τ だけ推移した信号 $f(t-\tau)$ を考える．$f(t-\tau)$ のラプラス変換は

$$L[f(t-\tau)] = \int_0^\infty f(t-\tau)e^{-st}dt$$

の右辺の積分変数を $\eta = t-\tau$ と置き換えて

$$L[f(t-\tau)] = L[f(t)]e^{-\tau s} \tag{11.29}$$

となる．

11.11.6 極限とラプラス変換

1) **初期値の定理**．$f(t)$ の $t \to 0$ の極限が存在するとき，次の関係が成り立つ．

$$\lim_{t \to 0} f(t) = \lim_{s \to \infty} sL[f(t)] \tag{11.30}$$

初期値の定理は，(11.26) 式から次のように導くことができる．(11.26) 式は

$$\int_0^\infty \frac{d}{dt} f(t)e^{-st}dt = sL[f(t)] - f(t)|_{t=0}$$

両辺の $s \to \infty$ の極限をとると

$$\lim_{s \to \infty} \int_0^\infty \frac{d}{dt} f(t)e^{-st}dt = \lim_{s \to \infty} \{sL[f(t)] - f(t)|_{t=0}\}$$

上式の左辺は $e^{-st} \to 0$ となるので 0 となる．右辺を整理すると，(11.30) 式が得られる．

2) **最終値の定理**．$f(t)$ に $t \to \infty$ の極限が存在するとき，次の関係が成立つ．

$$\lim_{t \to \infty} f(t) = \lim_{s \to 0} sL[f(t)] \tag{11.31}$$

最終値の定理は，(11.26) 式から次のように導くことができる．(11.26) 式の $s \to 0$ の極限をとると

$$\lim_{s \to 0} \int_0^\infty \frac{d}{dt} f(t) e^{-st} dt = \lim_{s \to 0} \{sL[f(t)] - f(t)|_{t=0}\} \qquad (11.32)$$

(11.32) 式の左辺は $e^{-st} \to 1$ より次のように変形できる．

$$\lim_{s \to 0} \int_0^\infty \frac{d}{dt} f(t) e^{-st} dt = \int_0^\infty \frac{d}{dt} f(t) dt = \lim_{t \to \infty} f(t) - f(t)|_{t=0}$$

一方，(11.32) 式右辺は

$$\lim_{s \to 0} sL[f(t)] - f(t)|_{t=0}$$

となる．結果を比較して，(11.31) 式が得られる．

11.12 有理関数の展開

11.12.1 有理関数

a, b は次の実係数の多項式とする．

$$a(s) = a_n s^n + a_{n-1} s^{n-1} + \cdots + a_1 s + a_0,$$
$$a_n \neq 0, \quad a_i \in R, \quad i = 0, 1, 2, \cdots n$$
$$b(s) = b_m s^m + b_{m-1} s^{m-1} + \cdots + b_1 s + b_0,$$
$$b_m \neq 0, \quad b_i \in R, \quad i = 0, 1, 2, \cdots m$$

実係数多項式の商で表される関数

$$G(s) = \frac{b(s)}{a(s)}$$

を有理関数と呼ぶ．s の最大次数の項の係数 a_n が 1 である多項式をモニックな多項式と呼ぶ．$a_n \neq 1$ であっても，$a(s)$ および $b(s)$ を a_n であらかじめ除しておけば，モニックな $a(s)$ を用いて有理関数を表すことができる．本書では特に記さない場合，$a(s)$ はモニックであると仮定する．

また，制御工学で有用であることから $n \geq m$，すなわち分母多項式の次数が分子多項式の次数より大きいか等しい有理関数を取り扱う．

11.12.2 有理関数の部分分数展開

有理関数の分母多項式 a は次のように因数分解できる.

$$a(s) = (s+\lambda_1)^{l_1}(s+\lambda_2)^{l_2}\cdots(s+\lambda_p)^{l_p}$$

ここで, $\lambda_i\,(i=1,2,\cdots,p)$ は相異なる複素数である. ただし

$$\sum_{i=1}^{p} l_i = n, \quad n > m$$

有理関数

$$G(s) = \frac{b(s)}{a(s)}$$

は次のように和の形で部分分数に展開することができる.

$$G(s) = \sum_{i=1}^{p}\sum_{h=1}^{l_i} \frac{\zeta_{i,h}}{(s+\lambda_i)^h}, \quad \zeta_{i,h} \in C \tag{11.33}$$

$h = 1,2,\cdots,l_i$ は極の位数, l_i は極 i の重複度である. ここで

$$F(s) = (s+\lambda_i)^{l_i} G(s)$$

とおくと, $\zeta_{i,h}$ は次のように求めることができる.

$$\zeta_{i,h} = \frac{1}{(l_i - h)!} \frac{d^{l_i - h}}{ds^{l_i - h}} F(s) \bigg|_{s=-\lambda_i} \tag{11.34}$$

(11.33) 式の部分分数展開の例を以下に示す.

例 1

$$G(s) = \frac{2s^2 + 4s + 1}{s(s+1)^2}$$

極は $\lambda_1 = 0$, $\lambda_2 = 1$, それぞれの重複度は $l_1 = 1$, $l_2 = 2$, $p = 2$ であり

$$G(s) = \frac{\zeta_{1,1}}{s} + \frac{\zeta_{2,1}}{s+1} + \frac{\zeta_{2,2}}{(s+1)^2}$$

と展開される. 手順に従い

$$\zeta_{1,1} = sG(s)|_{s=0}$$
$$\zeta_{2,1} = \frac{d}{ds}\{(s+1)^2 G(s)\}\bigg|_{s=-1}$$
$$\zeta_{2,2} = (s+1)^2 G(s)|_{s=-1}$$

$\zeta_{1,1} = 1$, $\zeta_{2,1} = 1$, $\zeta_{2,2} = 1$ であり

$$G(s) = \frac{1}{s} + \frac{1}{s+1} + \frac{1}{(s+1)^2}$$

例 2
$$G(s) = \frac{s+1}{s^2 + \omega^2}$$

極は $\lambda_1 = j\omega$, $\lambda_2 = -j\omega$ であり，その重複度はそれぞれ $l_1 = l_2 = 1$ である．$p = 2$, $\zeta_{1,1} = (\omega + j)/2\omega$, $\zeta_{2,1} = (\omega - j)/2\omega$ であり

$$G(s) = \left(\frac{\omega + j}{2\omega}\right)\frac{1}{s + j\omega} + \left(\frac{\omega - j}{2\omega}\right)\frac{1}{s - j\omega}$$

一般的な場合： 一般に (11.33) 式が成立することは，以下のように示すことができる．$G(s)$ の分母多項式を次のように因数分解する．

$$G(s) = \frac{b(s)}{d(s)(s+\lambda)^l}, \quad d(-\lambda) \neq 0$$

$G(s)$ は次のように変形できることを示そう．

$$G(s) = \frac{n(s)}{d(s)} + \frac{\zeta_1}{s+\lambda} + \frac{\zeta_2}{(s+\lambda)^2} + \cdots + \frac{\zeta_l}{(s+\lambda)^l} \tag{11.35}$$

上式が成立することを示すには，上式を満たす複素数 $\zeta_1, \zeta_2, \cdots, \zeta_l$ が存在することを示せばよい．ζ_h $(h = 1, 2, \cdots, l)$ は

$$F(s) = (s+\lambda)^l G(s)$$

とおき (11.34) 式を用いて計算することができる．$F(s)$ を上のようにおいたので

$$F(s) = (s+\lambda)^l \frac{n(s)}{d(s)} + \zeta_1(s+\lambda)^{l-1} + \zeta_2(s+\lambda)^{l-2} + \cdots + \zeta_{l-1}(s+\lambda) + \zeta_l$$

と表され
$$F(-\lambda) = \zeta_l$$
また，適当な関数 $H(s)$ を用いて
$$\frac{dF(s)}{ds} = (s+\lambda)H(s) + \zeta_{l-1}$$
と表せるので
$$\left.\frac{dF(s)}{ds}\right|_{s=-\lambda} = \zeta_{l-1}$$
s での微分を続け，一般に $0 \leq m \leq l-1$ の場合は，適当な関数 H' を用いて
$$\frac{d^m F(s)}{ds^m} = (s+\lambda)H'(s) + m!\,\zeta_{l-m}$$
と書けるので
$$\zeta_{l-m} = \frac{1}{m!}\left.\frac{d^m F(s)}{ds^m}\right|_{s=-\lambda}$$
となる．一方，$d(s)$, $n(s)$ は明らかにそれぞれ $a(s)$, $b(s)$ より次数の小さい多項式である．$d(s)$ の因子について以上の手順を繰り返せば部分分数展開が完成し，最終的に (11.33) 式を得る．

λ は実係数の方程式 $a(s) = 0$ の根であるから，部分分数の中に $\zeta/(s+\lambda)$ が存在すれば，$\zeta^*/(s+\lambda^*)$ が存在する．$G(s)$ の係数がすべて実数なので，この二つの項の分子は互いに共役複素数となる (140 ページの例 2 参照)．

■ ■ 11.13　ラプラス変換による定係数線形常微分方程式の解法 ■ ■

11.13.1　ラプラス変換を介した定係数線形常微分方程式の解法

次の方程式を考える．

$$\begin{aligned} & y^{(n)}(t) + a_{n-1}y^{(n-1)}(t) + \cdots + a_1 y^{(1)}(t) + a_0 y(t) = b_0 u(t) \\ & u(t) = \begin{cases} 0, & t < 0 \\ f(t), & t \geq 0 \end{cases} \end{aligned} \quad (11.36)$$

上式の両辺をラプラス変換すると次式を得る．

$$s^n y(s) + a_{n-1} s^{n-1} y(s) + \cdots + a_0 y(s) - Y(s) = b_0 f(s) \tag{11.37}$$

ただし Y は y の初期値に関する項で以下のように表される.

$$Y(s) = \sum_{i=1}^{n} s^{n-i} y^{(i-1)}(0) + a_{n-1} \sum_{i=1}^{n-1} s^{n-i-1} y^{(i-2)}(0) + \cdots + a_1 y(0)$$

(11.37) 式より

$$y(s) = \frac{1}{s^n + a_{n-1} s^{n-1} + \cdots + a_0} \{b_0 f(s) + Y(s)\} \tag{11.38}$$

上式の右辺を (11.33) 式のように部分分数に展開し,各項をラプラス逆変換すれば $y(t)$ を求めることができる.伝達関数を

$$G(s) = \frac{b_0}{s^n + a_{n-1} s^{n-1} + \cdots + a_0}$$

とおけば

$$y(s) = G(s) f(s) + \frac{Y(s)}{s^n + a_{n-1} s^{n-1} + \cdots + a_0} \tag{11.39}$$

と表され,$y(s)$ のラプラス逆変換 (132 ページ参照) から解 $y(t)$ が求まる.

練習問題 2

次の微分方程式を解け.

$$\dot{y}(t) + 3y(t) = 3h(t), \quad y(0) = 0$$

ここで h は単位ステップ関数ある.

上式の両辺をラプラス変換すると

$$s y(s) + 3 y(s) = \frac{3}{s}$$

$y(s)$ を求めると

$$y(s) = \frac{3}{s(s+3)} = \frac{1}{s} - \frac{1}{s+3}$$

両辺を逆ラプラス変換して

$$y(t) = 1 - e^{-3t}$$

練習問題 3

次の微分方程式を解け.

$$\ddot{x}(t) + x(t) = \delta(t), \quad \dot{x}(0) = x(0) = 0$$
$$y(t) = \dot{x}(t) + x(t)$$

ここで δ はディラックのデルタ関数である.

上式のラプラス変換は

$$s^2 x(s) + x(s) = 1$$
$$y(s) = sx(s) + x(s)$$

y は次のように表される.

$$y(s) = \frac{s+1}{s^2+1} = \frac{1+j}{2} \frac{1}{s+j} + \frac{1-j}{2} \frac{1}{s-j}$$

両辺のラプラス逆変換は

$$y(t) = \frac{1+j}{2} e^{-jt} + \frac{1-j}{2} e^{jt}$$

さらにオイラーの公式を用いると

$$y(t) = \sin t + \cos t$$

練習問題 4

次の微分方程式を解け.

$$\ddot{y}(t) + 3\dot{y}(t) + 2y(t) = 2h(t), \quad \dot{y}(0) = 1, \; y(0) = 2$$

両辺をラプラス変換し

$$\{s^2 y(s) - 2s - 1\} + 3\{sy(s) - 2\} + 2y(s) = \frac{2}{s}$$

y について解くと

$$y(s) = \frac{2s+7}{s^2+3s+2} + \frac{2}{s(s^2+3s+2)} = \frac{1}{s} + \frac{3}{s+1} - \frac{2}{s+2}$$

逆ラプラス変換により

$$y(t) = 1 + 3e^{-t} - 2e^{-2}$$

11.13.2 右辺に微分項が存在する場合

より一般的な定係数線形常微分方程式

$$y^{(n)}(t) + a_{n-1}y^{(n-1)}(t) + \cdots + a_1 y^{(1)}(t) + a_0 y(t)$$
$$= b_m u^{(m)}(t) + b_{m-1}u^{(m-1)}(t) + \cdots + b_1 u^{(1)}(t) + b_0 u(t)$$
$$u(t) = \begin{cases} 0, & t < 0 \\ f(t), & t \geq 0 \end{cases}, \quad b_m \neq 0, \quad n > m \tag{11.40}$$

を考える.ここで $f(t)$ は $-\epsilon < t < \infty$, $\epsilon > 0$ の領域で定義されている滑らかな関数とする.

(11.40) 式の右辺には u の微分項がある.一方,問題設定から u は $t = 0$ で不連続になることがあり,その場合,導関数が通常の方法では定義できない.超関数論やラプラス変換を用いれば,u が $t = 0$ で,ある種の不連続性を持つときでも解を求めることができる.

(11.36) 式の入力 u は単位ステップ関数 $h(t)$ を用い

$$u(t) = h(t)f(t)$$

と表すことができる.h は $t = 0$ において不連続であり,通常の意味での微分は不可能である.超関数論の結果[*4]を用いると

$$\dot{h}(t) = \delta(t) \tag{11.41}$$
$$\dot{u}(t) = \delta(t)f(0) + h(t)\dot{f}(t) \tag{11.42}$$

を得る.$\dot{u}(t) = \dot{h}(t)f(t) + h(t)\dot{f}(t)$ ではない点に注意されたい.

[*4] 例えば,山本 裕:システムと制御の数学 (システム制御情報ライブラリー 16), 朝倉書店 (1998) を参照.

11.13 ラプラス変換による定係数線形常微分方程式の解法

さらに,恒等的に1である関数と単位ステップ関数とを区別するため,ラプラス変換の積分区間を無限小だけ負の領域からとり

$$L[w(t)] = \int_{0_-}^{\infty} w(t)e^{-st}dt$$

とする.w が $t=0$ で滑らかであれば,積分区間を 0 から 0_- に変更しても変換の結果は変わらない.

ラプラス変換の積分区間の始まりを 0_- からに変更すると

$$L[\delta^{(n)}(t)] = s^n \tag{11.43}$$

を得る[*5].

以上の準備のもとに

$$L[u(t)] = f(s) \tag{11.44}$$
$$L[u^{(n)}(t)] = s^n f(s) \tag{11.45}$$

を得る[*6].

[*5] この結果は次のように導かれる.$\delta(t) = 0 (t \leq 0)$ より $\delta^{(n)}(0_-) = 0 (n=1,2,\cdots)$ であるから

$$\int_{0_-}^{\infty} \dot{\delta}(t)e^{-st}dt = [\delta(t)e^{-st}]_{0_-}^{\infty} + s\int_{0_-}^{\infty} \delta(t)e^{-st}dt = s$$

を得る.

$$L[\delta^{(n)}(t)] = [\delta^{(n-1)}e^{-st}]_{0_-}^{\infty} + sL[\delta^{(n-1)}(t)] = sL[\delta^{(n-1)}(t)]$$

から (11.43) 式が得られる.

[*6] $\delta^{(n)}$ は通常の関数でなく,被積分関数とすること (ここではラプラス変換すること) で (11.43) 式の意味を持つ記号と考えればよい.

$\delta(t)f(0) + h(t)\dot{f}(t)$ のラプラス変換は次のように表される.

$$L[\delta(t)f(0) + h(t)\dot{f}(t)] = f(0)\int_{0_-}^{\infty} \delta(t)e^{-st}dt + \int_{0_-}^{\infty} h(t)\dot{f}(t)e^{-st}dt$$

上式の第1項はデルタ関数の定義より $f(0)$,第2項は $\dot{h} = \delta$ と部分積分の公式を用いて

$$[h(t)f(t)e^{-st}]_{0_-}^{\infty} - \int_{0_-}^{\infty} f(t)\{\dot{h}(t) - sh(t)\}e^{-st}dt = 0 - f(0) + s\int_{0_-}^{\infty} f(t)e^{-st}dt$$

となり,$L[\delta(t)f(0) + h(t)\dot{f}(t)] = sL[f(t)]$ を得る.したがって,$\dot{u}(t) = \delta(t)f(0) + h(t)\dot{f}(t)$ とすれば,$L[\dot{u}(t)] = sf(s)$ である.(11.41) 式を考慮しながら (11.42) 式を繰り返し用いれば

$$\ddot{u}(t) = \dot{\delta}(t)f(0) + \delta(t)\dot{f}(t) + h(t)\ddot{f}(t)$$

や,より高階の $u(t)$ の微分の表現が得られ (11.45) 式が得られる.

(11.44) 式および (11.45) 式を用いて (11.40) 式の両辺をラプラス変換すると

$$s^n y(s) + a_{n-1} s^{n-1} y(s) + \cdots + a_0 y(s) - Y(s)$$
$$= b_m s^m f(s) + b_{m-1} s^{n-1} f(s) + \cdots b_0 f(s) \qquad (11.46)$$

となり

$$y(s) = \frac{b_m s^m + b_{m-1} s^{m-1} + \cdots + b_0}{s^n + a_{n-1} s^{n-1} + \cdots + a_0} f(s) + \frac{Y(s)}{s^n + a_{n-1} s^{n-1} + \cdots + a_0}$$

を得る．すなわち伝達関数を

$$G(s) = \frac{b_m s^m + b_{m-1} s^{m-1} + \cdots + b_0}{s^n + a_{n-1} s^{n-1} + \cdots + a_0} \qquad (11.47)$$

とおけば

$$y(s) = G(s) f(s) + \frac{Y(s)}{s^n + a_{n-1} s^{n-1} + \cdots + a_0}$$

であり，(11.39) 式と同様の結果が得られる[*7)]．

[*7)] 類書では (11.46) 式の導出にあたって "$f^{(n)}(t)$ の初期値を 0 とおく" という記述が見られることがある．しかし $f(t)$ が初等関数や単位ステップ関数の場合など，$f^{(n)}(t)$ の初期値をすべて 0 と考えることはできない場合があることから，本書では超関数論を引用した上記のような説明を加えた．

索　引

1 傾斜　58
1 次遅れ系　17
1 次遅れ要素　56
1 自由度制御系　105
2 傾斜　60
2 次遅れ系　16
2 次振動系　16
2 自由度制御系　5, 105

BIBO 安定　44
Diophantine 方程式　108
P 制御　95
PI 制御　96
PID 制御　94, 102
RC フィルタ回路　13

ア 行

アクチュエータ　5
アンダーダンピング　59
安定　69
安定余裕　76

行き過ぎ　59
位相 (差)　52
位相遅れ要素　91
位相交点　77
位相進み遅れ要素　92
位相進み要素　89
位相余裕　77
一巡伝達関数　72
因果的　9
インパルス応答　28

オイラーの公式　117
応答　9
遅れ　6

オーバーシュート　59
オーバーダンピング　59

カ 行

外乱　2
開ループ制御　66
開ループ伝達関数　72
拡大系　106, 110
重ね合わせの原理　10
加算点　38
過渡状態　64
過渡特性　64
観測雑音　3

帰還　2, 34
規範モデル　106
逆応答　62
共振回路　14
強プロパ　27
極　24
極零相殺　26, 79

クロスオーバ周波数　87

ゲイン　52
ゲイン交点　77
ゲイン余裕　77
減衰率　58

交差周波数　87
古典制御理論　7
固有周波数　59
根軌跡法　103
コントローラ　2, 67

サ 行

最終値の定理　137
最大行過ぎ量　83, 84
サブシステム　32
サーボ系　94
三角不等式　118

次数　27
システム　8, 36
自然周波数　59
時定数　57
自動制御　2
時不変システム　10
時変システム　10
周波数応答　51
周波数整形法　86
周波数伝達関数　52
周波数特性　7
出力外乱　3
手動制御系　2
初期値の定理　137
信号　3, 36

制御誤差　3, 65
制御システム　2
制御仕様　82
制御装置　5
制御帯域　84, 87
制御対象　2
制御量　3, 65
斉次解　120
斉次方程式　25, 122
整定時間　84
積分ゲイン　95
積分制御　96

索　引

積分要素　12, 38
絶対可積分　45
線形関数　119
線形システム　10
線形時不変系　5
線形時不変システム　12, 18
線形常微分方程式　7, 18
センサ　4, 5
前置補償器　107

相互作用　41
操作量　3, 65
相対次数　27
速応性　83

タ　行

耐外乱性　83
ダイナミクス　12
畳込み積分　31, 129
立ち上がり時間　84
単位インパルス関数　127
単位ステップ関数　45

直列結合　32

定常ゲイン　52
定常誤差　84
定常状態　64
定常特性　64
デジタル計算機　5
デシベル　53
デルタ関数　127
　ディラックの——　28, 127
電子制御　2
伝達関数　7, 21
伝達要素　37

等価変換　39
動的システム　11
特殊解　120

特性多項式　25
特性方程式　25, 122

ナ　行

ナイキスト軌跡　72
ナイキスト経路　71
ナイキスト線図　72
ナイキストの安定判別　70
内部安定性　26, 79
内部モデル原理　94

入力外乱　3
人間自動車系　1

ネガティブフィードバック　3

ノイズ　3

ハ　行

パデ近似　28, 62
パワースペクトラム　131
バンド幅　84

ピーク周波数　84
非最小位相系　25, 28
非線形システム　11
非プロパ　27
比例ゲイン　95
比例制御　67
比例要素　38, 89

フィードバック　34
フィードバックゲイン　66
フィードバック結合　33
フィードバックコントローラ　67
フィードバック制御　2, 3
フィードバックループ　4
フィードフォワード制御　4, 66

フィルタ　13
負帰還　3
複素関数論　7
複素左半平面　45
不確かさ　76
物理量　6
フーリエ変換 (逆変換)　130
フローチャート　37
ブロック図　9, 36
プロパ　27

閉ループ　4
並列結合　33
ベクトル軌跡　54
偏角の原理　71, 118

ボーデ線図　53

マ　行

無限次元システム　28
むだ時間要素　17, 19, 27

目標値　3, 65
モデル化誤差　76
モデルマッチング制御系　105
モード　47
モニック　109, 138

ヤ, ラ行

有界入力有界出力安定　44
有理関数　7, 24, 138

ラプラス逆変換　35
ラプラス変換　7, 21, 132

臨界制動　59

零点　24, 89

ロバスト性　5, 83

著者略歴

かわ べ たけ とし
川邊武俊
1957年 宮崎県に生まれる
1984年 早稲田大学大学院理工学研究科博士前期課程修了
1994年 東京大学大学院工学系研究科から博士号取得
現　在 九州大学大学院システム情報科学研究院教授
　　　　工学博士

かな い き み お
金井喜美雄
1936年 長野県に生まれる
1969年 名古屋大学大学院工学研究科博士課程修了
現　在 日産自動車株式会社 電子制御技術部技術顧問
　　　　三菱重工業株式会社 航空宇宙事業本部誘導・エンジン事業部技術アドバイザー
　　　　防衛大学校名誉教授
　　　　工学博士

電気電子工学シリーズ 11
制　御　工　学
　　　　　　　　　　　　　　　定価はカバーに表示

2012年 4 月 10 日　初版第 1 刷

著　者　川　邊　武　俊
　　　　金　井　喜美雄
発行者　朝　倉　邦　造
発行所　株式会社　朝　倉　書　店
　　　　東京都新宿区新小川町 6-29
　　　　郵便番号　162-8707
　　　　電　話　03(3260)0141
　　　　ＦＡＸ　03(3260)0180
　　　　http://www.asakura.co.jp

〈検印省略〉

Ⓒ 2012〈無断複写・転載を禁ず〉　　中央印刷・渡辺製本

ISBN 978-4-254-22906-6　C 3354　　Printed in Japan

JCOPY 〈(社)出版者著作権管理機構 委託出版物〉

本書の無断複写は著作権法上での例外を除き禁じられています。複写される場合は，そのつど事前に，(社)出版者著作権管理機構（電話 03-3513-6969，FAX 03-3513-6979，e-mail: info@jcopy.or.jp）の許諾を得てください。

〈 電気電子工学シリーズ 〉

岡田龍雄・都甲 潔・二宮 保・宮尾正信
[編集]

JABEEにも配慮し，基礎からていねいに解説した教科書シリーズ
[A5判 全17巻]

1	電磁気学 岡田龍雄・船木和夫		192頁
2	電気回路 香田 徹・吉田啓二		264頁
3	電子材料工学概論 江崎 秀・松野哲也		〈続 刊〉
4	電子物性 都甲 潔		164頁
5	電子デバイス工学 宮尾正信・佐道泰造		120頁
6	機能デバイス工学 松山公秀・圓福敬二		〈続 刊〉
7	集積回路工学 浅野種正		176頁
8	アナログ電子回路 庄山正仁		〈続 刊〉
9	ディジタル電子回路 肥川宏臣		180頁
10	計測工学 林 健司・木須隆暢		〈続 刊〉
11	制御工学 川邊武俊・金井喜美雄		160頁
12	エネルギー変換工学 小山 純・樋口 剛		196頁
13	電気エネルギー工学概論 西嶋喜代人・末廣純也		196頁
14	パワーエレクトロニクス 二宮 保・鍋島 隆		〈続 刊〉
15	プラズマ工学 藤山 寛・内野喜一郎・白谷正治		〈続 刊〉
16	ディジタル信号処理 和田 清		〈続 刊〉
17	ベクトル解析とフーリエ解析 柁川一弘・金谷晴一		180頁